The Milestones toward Artificial Intelligence

人工智能之路

谭营 著

清华大学出版社

北 京

内 容 简 介

本书以年代为主线，选择人工智能(AI)发展进程中具有里程碑意义的五十个重大事件为抓手，清晰地展示出人类通往人工智能之路的艰辛、曲折与喜悦。为了满足广大读者对当前人工智能热潮的关注的基本需求，本书用简洁易懂的语言对这五十个重大事件逐一介绍，内容丰富有趣，而且读者不需要提前掌握相关专业知识，就能够容易地读懂每一个重大事件，并理解其在人工智能发展进程中不可或缺的作用。本书是一本全面介绍人工智能的科普读物，也是了解和学习人工智能的初级读物。这里特别要指出的是，本书中许多图片都采用最新人工智能风格渲染程序进行了处理，以特显人工智能的风采，让读者能直接感受到AI的魅力。

本书适合所有对AI感兴趣的读者阅读。

图书在版编目(CIP)数据

人工智能之路/谭营著.—北京：清华大学出版社，2019
ISBN 978-7-302-53094-7

Ⅰ. ①人…　Ⅱ. ①谭…　Ⅲ. ①人工智能－普及读物　Ⅳ. ①TP18-49

中国版本图书馆CIP数据核字(2019)第102165号

责任编辑：龙启铭
封面设计：何凤霞
责任校对：时翠兰
责任印制：丛怀宇

出版发行：清华大学出版社
网　　址：http://www.tup.com.cn，http://www.wqbook.com
地　　址：北京清华大学学研大厦A座　　**邮　　编**：100084
社 总 机：010-62770175　　**邮　　购**：010-62786544
投稿与读者服务：010-62776969，c-service@tup.tsinghua.edu.cn
质量反馈：010-62772015，zhiliang@tup.tsinghua.edu.cn
课件下载：http://www.tup.com.cn，010-62795954
印 装 者：三河市君旺印务有限公司
经　　销：全国新华书店
开　　本：170mm×230mm　　**印张**：15.75　　**字　　数**：208千字
版　　次：2019年10月第1版　　**印　　次**：2019年10月第1次印刷
定　　价：59.00元

产品编号：083147-01

前言

人类在探索智能的道路上经历了漫长的摸索和探寻，虽经历无数曲折，但始终顽强执着、矢志不渝，攀登了一座座的高峰，并正在一步一步前行，努力奔向光明的明天。众所周知，人类社会的发展经历了几次重大的社会变革。第一次社会变革是第一次工业革命的蒸汽机时代，第二次社会变革是第二次工业革命的电气化时代，第三次社会变革是以计算机和互联网为代表的信息与网络时代，现在我们人类正在经历着第四次社会变革，以人工智能为代表的智能时代。人工智能成为推动现今社会进入智能社会的新动力。

人工智能(Artificial Intelligence, AI)一词是在1956年的达特茅斯会议上首次提出并正式使用的，指研究那些与人一样进行学习、推理和判断的理论、方法与技术。从学科建设观点来说，比人工智能一词更加学术化的称谓应该是智能科学与技术，它是研究认识、模拟以及扩展自然智能的有关理论、方法与技术及其应用的学科。人工智能的研究目标是研究与开发出跟人一样甚至超过人的自然智能能力的智能机器，以便更高效地服务于人类。这些智能机器能像我们人一样能够看、听、说、想、学和做等，能够完成人让它去做的一切工作，成为人类不可或缺的重要帮手和辅助工具。

人类对人工智能的探索进程是一个螺旋式上升发展的路程，其中充满艰辛与曲折。在人工智能的整个发展历程中，经历了三次人工智能寒冬和多次跨越式发展，出现了三大著名的研究学派和历次新思潮。在克服阻碍人工智能发展的固有势力的过程中，涌现出了许许多多新思路和新手段。

这些新思路与新手段是人工智能得以摆脱旧的束缚和羁绊，拥抱新机遇的关键，成为人工智能发展进程中的转折点。基于这些新思路与新手段所发展出来的新模型和新方法具有前所未有的生命力，一经投入应用即产生出了人工智能发展过程中许多重大的里程碑式成果，推进着人工智能研究和应用的前行。因此，这些人工智能发展进程中的里程碑式成果代表了不同时期人工智能的进展和高度，是人们了解人工智能的最好切入点和重要知识点，也是人工智能发展路径的重要支点和闪光点。

为了满足广大读者期待了解当前人工智能热潮中有关人工智能基本知识的需求，本书以年代为主线，从每个十年里挑选了6～10个里程碑式成果，它们既有理论与方法的成果，也有重要技术以及具有重大推进意义的典型应用型成果，全书精心挑选出人工智能发展进程中具有里程碑意义的五十个重大事件作为主线，展示了人工智能的发展过程，清晰地勾勒出了人类通往人工智能之路的轮廓、艰辛和喜悦。

本书内容丰富有趣，采用简洁通俗的语言来逐一介绍人工智能的这些重大事件。读者不需要具有相关专业知识，就能够容易地读懂本书介绍的每个重大事件，理解其在人工智能发展进程中不可或缺的作用，用较短的时间了解人工智能的精髓和重要发展。

本书是一本介绍人工智能的科普读物，是了解和学习人工智能的初级阅读材料，适合所有对人工智能感兴趣的读者阅读。

特别需要指出的是，本书中的许多图片都采用最新人工智能风格渲染程序进行了处理，以体现人工智能风采，让读者能直接感受到人工智能的魅力。本书采用了深度神经网络模型对插图进行风格转化，让原本单一的插图变得多姿多彩。该模型中包含的风格有素描风格、抽象风格、水墨风格和毕加索抽象风格等，同时根据原图的形状、颜色等，选择出最适合该图的风格，并用于本书的插图，希望能给读者带来不一样的视觉体验。

最后，作者在此感谢在本书成稿过程中给予过帮助的所有人员，尤其是要感谢作者指导的多位研究生，他们帮助查阅和整理了大量相关资料，才使得本书得以完成。

希望本书的出版可以为我国人工智能的宣传与推广尽微薄之力。

谭　营

2019年3月6日

北京燕园

1900年以前：早期传说、文学和影视作品中的高级智慧

在人类社会的早期阶段，我们的祖先对于火和工具的使用使得我们获得了区别于低等生物的高级智慧。早期的人类以火熟食，但食物的来源依旧大部分来自捕猎；随着容器的发明，人类文明从捕猎阶段逐步进入了农耕阶段；后来人类发明了布料，衣不蔽体的时代随之过去；再后来人类发明了建筑，有了固定的居所，然后又有了城邦和国家。可以这么说，人类文明的发展一直伴随着工具文明的发展，新的发明依赖于新的工具，反过来，新的文明又催生出新的工具，这就是人类社会发展的基石。

自从人类文明诞生之后，人类就已经在思考是否能够设计出某种工具，可以像人类一样利用已知的知识推理出新的知识。这种类似人脑进行机械化推理的过程就是所谓的“形式推理”，它是孕育人工智能的萌芽之一。纵观世界历史，人类对于“人工智能”的追求和想象从未停止，或许正是来自人类本能的对工具的依赖与执着，才促使人类不断探索、不断创新、不断前行，也才有了今天人工智能的浪潮之巅。

在中国早期的神话故事里，就有大量关于“人工智能”的传说。在《列子·汤问》（图1）中记载，西周（公元前1046—公元前770）时期有一能人巧匠，名为偃师，为博周穆王的赏识，费时九月制作了一个可以自己舞蹈的歌妓机器人。周穆王西巡狩猎之际，偃师觐见穆王，穆王见偃师同行还有一人，似男似女、难辨性别，便问：“和你一起来的是何许人也？”偃师回答道：“正是我所造的能跳舞的机器艺人。”周穆王感到非常惊讶，近前细看，只见那歌舞艺

图 1 《列子·汤问》记载“偃师之巧”

人时而快速疾行、时而缓慢踱步，时而仰身长歌、时而俯身低吟，和真人竟无二异。周穆王细听它所唱的歌声，起承转合，歌声合乎旋律，委婉动听；细看它跳的舞蹈，停顿有依，舞步符合节拍，变化万千。周穆王以为这是真人在表演，便叫来自己的宠妃和大臣们一同观赏，快要表演完毕之时，只见那歌舞艺人奔向周穆王身边的妃嫔们，眨眼做挑逗状。周穆王大怒，立马叫人要

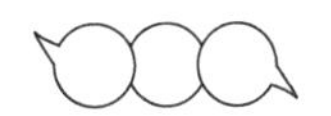

杀死偃师，偃师大惊，立马将歌舞机器人全部拆解给周穆王看。周穆王一眼望去，只见那歌舞机器人竟是由木块、皮革、树脂等拼凑成身体，再以朱砂、丹青、黑墨等颜料涂色而成。穆王靠近细看，发现那歌舞机器人竟五脏俱全，心肝脾肺肾样样都有。偃师又将其一一拼凑起来，那歌舞机器人又恢复原样，活蹦乱跳。周穆王试着拿走它的心脏，那机器人便不能唱歌；拿掉肝脏，那机器人便像无头苍蝇般乱撞；拿掉肾脏，那机器人便不再舞蹈，原地转圈，着实神奇。周穆王非常高兴，感叹道："人造的技艺竟然能与天地造人一样厉害。"第二天，周穆王便命人将其装在车里带了回去。

《墨子·鲁问篇》中有关于鲁班制作"木鸢"的记载（图 2）："公输子削竹木为鸢，成而飞之，三日不下。" 此外，《韩非子·外储说左上》中也有关于墨翟制作木鸢的记载，而关于鲁班制作"木鸢"一事，《酉阳杂俎》中还有更详细的记载。相传鲁班在成婚不久后接到了凉州（今武威市）一位僧人的邀请去建造一栋佛塔，预计工期将持续两年。他便火速前往凉州，开始工作。但是他又放心不下家里的长辈和妻子，便花时间造了一只木鸢。鲁班坐上木鸢，在机关上敲打三下，这木鸢便能够载他飞回家中与妻子团聚。没过几天，妻子便怀孕了，鲁班的父母感到很惊讶，便去问鲁班的妻子是怎么回事，鲁班的妻子便把鲁班造木鸢一事一五一十全说了出来。鲁班的父亲觉得很好

图 2　鲁班制造木鸢

奇，便从鲁班那里要来了木鸢，在机关上敲了十几下，坐上去，那木鸢竟把鲁班的父亲带到了吴会(今绍兴一带)。当地人看到一只木鸢载着一个人从天而降，以为是妖怪，便一拥而上把鲁班的父亲打死了。鲁班见父亲多日没回家，担心出事，赶忙又做了一只木鸢，坐着它到处搜寻，寻到吴会，见到了父亲的尸体，才得知父亲已经死去的消息。鲁班大怒，怨恨吴人杀害了自己的父亲，便在肃州(今酒泉附近)城南做了一个木头仙人，将其手指向东南方向，吴国便大旱了三年。后来吴国人听说了鲁班所造木头仙人一事，便带着价值千金的礼物来向鲁班道歉。鲁班这才知道父亲之死乃是意外，深感内疚，便把木头仙人的手砍断，当月吴国中心地区就开始下大雨。鲁班仔细思考自己的所作所为，感到十分的抱歉，便把所造的木鸢和木头仙人都扔进了火堆里烧毁了，自此木鸢和木头仙人的制作工艺便失传了。

《三国志》中也有关于诸葛亮造"木牛流马"一事的记载(图 3 和图 4)，在《三国志·诸葛亮传》中就有提到："亮性长于巧思，损益连弩，木牛流马，皆出其意。"意思是说：诸葛亮天性善于思考、勤于动手，损益(一种财务技巧)、连弩、木牛和流马都是他做的。在《三国志·后主传》中也有关于木牛和流马的详细记载："建兴九年，亮复出祁山，以木牛运，粮尽退军；十二年春，亮悉大众由斜谷出，以流马运，据武功五丈原，与司马宣王对于渭南。"意思是说：建兴九年，诸葛亮再度复出，挥兵北上，希望收复祁山，用的就是木牛来

图 3 "木牛流马"之木牛的后世复原图

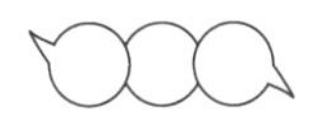

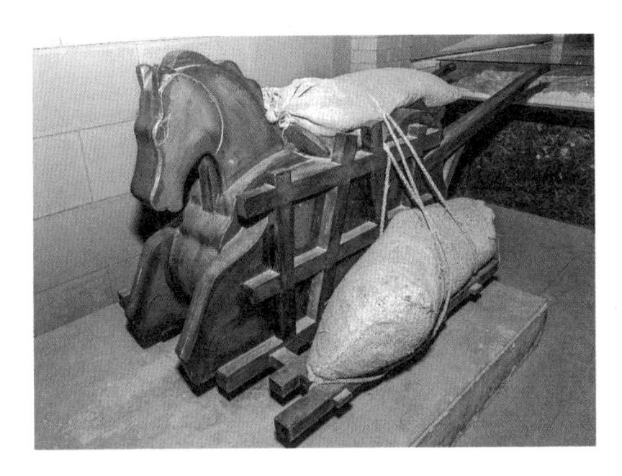

图 4 “木牛流马”之流马的后世复原图

运送粮草，粮草用尽了之后，只能退兵回蜀。建兴十二年春，诸葛亮又率领大军从斜谷出发，这次他用流马来运送粮草，在武功五丈原安营扎寨，和司马宣王的兵队在渭水之南列阵对抗、分庭抗礼。这段记载说明了“木牛”和“流马”是两个独立的运输工具，在《三国志·蜀志·本传》中就有关于“木牛”更详细的记载：“木牛者方腹曲头，一脚四足，头入领中，舌著于腹。”意思是说，木牛的腹部为方形，头部为弯曲的，有四只脚，头部缩进脖子里，舌头从肚子里伸出来。关于木牛的使用方式，《三国志·蜀志·本传》中也有记载：“载多而行少，宜可大用，不可小使；特行者数十里，群行者二十里也。”木牛和流马的区别是：木牛载重量大，但是行走速度较慢，适合大量粮草的运送。木牛每日可行走二十里路程，一次能够装载一个人一年的粮食，足见木牛的装载能力。而流马更加适合少量粮草但是要求加急运输的情况，因为它本身运送的速度较快，但装载的粮食相对较少。从实际运送的路线来看，也印证了木牛和流马各自的优势。从汉中到祁山的路程较远，且中途没有蜀军的粮仓，更加需要木牛大量运送囤积粮草。而斜谷一带的路线大多比较平坦缓和，适用于速度更加快的流马来运输，而且诸葛亮在斜谷一带建造了大型的粮仓，可以很方便地储存流马运输的粮草。在罗贯中所著《三国演义》中也有对木牛流马更加演义化的描述，说木牛流马不需要吃草和喝水，而是通过内部的机关来完成行动，启动时只需要拨动机关，它就能自行行走。蜀国军队有了木牛流马来运输粮食，就可以保持很长时间的粮草补给，从而能够与魏军对抗。司马懿派探子前去查探蜀军的粮草运送情况，见到了木牛流马，大吃一惊，还以为诸葛亮是得到了神仙的帮助。

而放眼世界历史，其中也不乏人类对“人工智能”的无限想象和追求，其中，古希腊的希罗(10—70)和伊斯兰的加扎利(1136—1206)等都是优秀的建造工匠。希罗是古希腊时期一位著名的数学家和工程师，他被认为是古代最伟大的实验家。他的发明所涉及的领域非常广：汽转球是有文献记载以来的第一部蒸汽机(图 5)，比工业革命早了两千年；蒸汽风琴是世界上第一台由风能推动的机器；还有注射器、力泵、自动售卖机等，无一不闪烁着古代先人无穷的聪明智慧。有记载称，公元前 2 世纪，亚历山大时期的古希腊人发明了最原始的机器人，以空气和蒸汽作为原始动力，可以自己开门和唱歌。除此之外，还有很多关于早期人工智能的传说和神话，都在向今天的人们展示着古代先哲们的无穷想象力和创造力。

图 5　汽转球图示

除了神话传说，到了近代，大量的关于人工智能的文学和影视作品也如雨后春笋般地涌现出来。德国文学家歌德在其著作《浮士德》第二部第二幕中就有涉及人造人何蒙库鲁兹相关题材的章节。何蒙库鲁兹最早指欧洲炼金师所创造的人工生命，相传欧洲文艺复兴时期的炼金术师帕拉塞尔苏斯就曾成功制造出了何蒙库鲁兹，但自他死后，就没有其他人能够再次复制。在现在的诸多创作(特别是在日本的文学和影视作品，如《钢之炼金术师》)

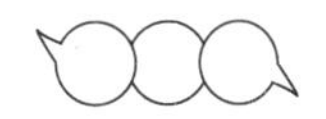

中，也有大量提及何蒙库鲁兹的作品。19世纪之后，大量以人造机器人和思考机器为主题的科幻小说出版了，如阿西莫夫出版的《我，机器人》，他在书中最早提出了机器人三定律，同时也为后世提供了很多关于机器人的现实意义。时至今日，这类主题的科幻作品更是不计其数，比如好莱坞的电影和日本的动漫作品。

1913：罗素的《数学原理》

人工智能领域的研究者将人工智能的相关研究划分为三大学派：符号主义、连接主义和行为主义。在早期的人工智能研究中，符号主义占据了主导地位，纽威尔与西蒙提出：使用一种物理符号代表人类认知的基本单元，而思维的过程则是这些符号上的一种运算过程。以这种物理符号系统（或符号操作系统）和有限合理性原理为基础，纽威尔和西蒙开发了数学定理证明程序 LT，它证明了 38 条数学定理，说明符号逻辑方法能够模拟人类的智力思维活动。符号主义同样将知识作为其符号系统的基本单位，认为人工智能的核心便是知识相关的表示、推理与运用。后期研究与应用中盛极一时的专家系统以及知识工程相关的工作，便是这一思想的深入发展成果。

符号主义的代表性方法与成果产生在 20 世纪 50 年代之后，然而关于其基本思想——"形式推理"的研究，可以追溯到公元前一千多年古希腊哲学家们的形式推理结构化方法。他们的理论与思想在随后几个世纪里被哲学家们不断发展与延伸，包括在亚里士多德（公元前 384—公元前 322）的三段论逻辑、欧几里得（公元前 330—公元前 275）的《几何原本》、阿尔·花拉子密（780—850）的《代数学》中，都有所体现。

在 17 世纪，数学学科的发展为这种"推理"形式提供了有效的载体，一些数学家们想将逻辑推理用某种数学体系统一起来，这使得推理可以用计算的形式呈现。德国数学家契克卡德（Wilhelm Schickard）创建了第一台机械式数字计算器，在这之后法国科学家布莱兹·帕斯卡（Blaise Pascal）和德国数学家戈特弗里德·莱布尼茨（Gottfried Wilhelm Leibniz）也都改进了计算

机器，并建立了二进制体系。莱布尼茨还提出了“通用符号”和“推理计算”的思想，并正式确立了“数理逻辑学”这一学科。

19 世纪下半叶，随着数学学科的迅速发展，关于数学基础的研究也得到了越来越多的重视：魏尔斯特拉斯用“ε-δ”语言的方法，重新由实数理论出发建立了极限理论，成为实分析和复分析的基础；戴德金与康托尔分别从有理数定义了实数；魏尔斯特拉斯和皮亚诺从自然数定义了有理数；皮亚诺利用五条公理，建立了自然数算术系统。19 世纪末至 20 世纪初，康托尔关于集合论与超无穷树理论的研究，更是震惊了整个数学界，甚至是哲学界。从少量的基本公理出发建立整个数学理论大厦似乎指日可待，只待一位雄心勃勃的作者开启这项工程。在这样的环境下，年轻的学者罗素开始了他筹备已久的撰写工作。

伯特兰·罗素(Russell Bertrand)是 20 世纪最具声望与影响力的思想家之一，其学识之广、成果之多极其罕见。他 1872 年 5 月 18 日出生在英国的一个贵族家庭，少年时在家中接受保姆和家庭教师的教育。1890 年 10 月，18 岁的罗素考入了剑桥大学三一学院，并在此处收获了众多良师益友：前三年里他在怀特海的指导下学习数学，随后转至导师麦克塔格处研究哲学。毕业第二年，罗素获得了三一学院研究员职位，1908 年被选为皇家学会会员。他此后一直在剑桥大学工作，于 1949 年成为英国皇家学会的荣誉研究员。其间他曾数次前往美国访问，也曾到中国讲学一年。罗素的学识渊博，通晓众多学科，包括在哲学、数学、教育学、社会学、政治学等多个领域都有所建树，在很长时期内难有人与之相比。尤其是在哲学与数学方面，有着大量重要的工作。1970 年 2 月，98 岁高龄的罗素去世时，他已积累了七十多部论著和几千篇论文，真正实现了“著作等身”的成就。

1897 年，25 岁的罗素刚刚完成《论几何的基础》(*An Essay on the Foundations of Geometry*)的撰写，随后便开始构思一部在上述思路下覆盖全部数学基础的书：《数学原理》(*The Principles of Mathematics*)(图 6)，然而，由于缺少思路难以起笔。1900 年 8 月，罗素在巴黎国际哲学大会(International Congress of Philosophy)与意大利数学家皮亚诺(Giuseppe Peano)会面。皮亚诺是研究数学基础的先驱任务，他的思维方式对罗素产生了深刻的影响。罗素开始认识到数理逻辑对于数学基础研究的重大意义，于是他向皮亚诺真诚地请教并研读了他的有关著作，然后立刻开展了逻辑方法下数学基础的研究以及《数学原理》的编写。他计划从一个简单的逻辑系统出发，加之少量的逻辑公理，推导出整个经典数学体系。这一时期他文思泉涌，书籍编写进展神速，到 1900 年年底共 3 个月时间里已经完成数十万字，并且称其每天都有新的领悟。他还动员了自己的老师怀特海，意图结合两者的工作，创作一部篇幅和深度都格外卓越的巨著。

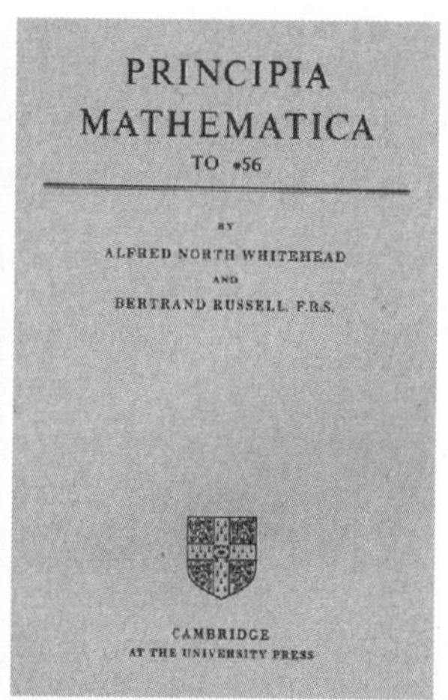

图 6　罗素和他的《数学原理》

然而好景不长，第二年春罗素发现了朴素集合论的一个致命悖论，这一悖论直接导致了第三次数学危机，也成了《数学原理》编写工作中的一块拦路石，后来学者们将其称为“罗素悖论”。罗素将其以通俗的形式描述给大众，即“理发师悖论”，一个村里的理发师说：“我只给那些不给自己理发的人理发。”那么，理发师是否给自己理发呢？从任意假设出发，利用理发师的断

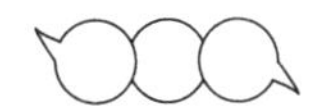

言都会推导出相反的结论。罗素悖论直接动摇了《数学原理》的体系基础，罗素曾乐观认为罗素悖论不过是个“平庸”(trivial)的问题，却始终无法解决，也无法绕过。于是《数学原理》的出版时间被推迟了大致两年，但罗素悖论依然无法解决。

编写工作仿佛陷入了无底洞，不但难以推进，还时时刻刻带给罗素焦虑与痛苦。1901年后的几年时间里，罗素还深受研究不顺、情感波折等多方面不幸的折磨。1906年左右，《数学原理》编写的技术瓶颈终于有了突破：在书中，罗素提出了类型论来避免罗素悖论。通俗地讲，罗素认为罗素悖论的产生源自“自我指涉”；类型论规定集合有着不同的阶次，只有高阶的集合能够指涉低阶的集合，从而从根源避免了此矛盾。之后罗素每天工作10～12小时，每年投入8个月左右的时间，终于在1910年完成了初稿。罗素形容当时的心情是：“一个因照顾重病患而精疲力竭的人，看到可恶的病患终于死去时的那种如释重负的感觉。”最终，手稿装了两箱，用马车运送到剑桥大学出版社，出版社对这部巨著的“利润”评估却为负600英镑。最终，出版社承担了300英镑，皇家学会赞助200英镑，罗素与怀特海为10年的工作各自损失50英镑。

最终，《数学原理》(Principia Mathematica)成书，共三卷，分别出版于1910年、1912年、1913年。它企图表述所有数学真理在一组数理逻辑内的公理和推理规则下，都是可以证明的(完备性)。《数学原理》覆盖了集合论、基数、序数、实数相关内容，并没有包含更深层次的定理；几何部分本筹划于第四卷，但罗素此时已智力枯竭，难以完成。关于数学基础的研究有几大学派：以德国数学家希尔伯特(David Hilbert)为代表的形式主义(Formalism)、以荷兰数学家布劳威尔(L. E. J. Brouwer)为代表的直觉主义(Intuitionism)以及包括罗素与怀特海在内的逻辑主义(Logicism)。《数学原理》并非逻辑主义的奠基之作，却是它的一座高峰。罗素与怀特海特别自豪地强调了本书的精确性、推理的缜密性以及内容的完备性。除了建立基于数理逻辑的数学体系基础,《数学原理》的另一大贡献便是其关于罗素悖论的类型论方法,它对于数学、哲学的后续发展,都有着深远的影响。

然而,《数学原理》出版后,罗素并未从其艰难的创作中获得解脱。一方面,由于其追求的精确性与缜密性,全书的推理过程极度曲折晦涩。例如,“1”这个最简单的自然数一直到《数学原理》第363页才得到定义;1+1这个最简单的运算直到379页才有答案。这遭到了其他学派数学家的猛烈批评。罗素自己的学生维特根斯坦(Ludwig Wittgenstein)也表示:数学的真正基础是像“1”这样来自算术实践的东西,而不是几百页篇幅才能推出“1”的《数学原理》。因为一旦两者相矛盾,我们都清楚是《数学原理》错了。另一方面,《数学原理》本身与逻辑主义的初衷有所背离:罗素和怀特海引入的无穷公理、选择公理和可划归性公理,并不具备逻辑所强调的自明性(self-evidence)。尤其是可划归性公理,遭到许多著名数学家、哲学家和逻辑学家的批评。罗素自己也不得不承认:“没有任何理由相信可划归性公理是逻辑上必要的”,“把这一公理引进体系是一个缺陷”。这些缺点和加上《数学原理》的巨大篇幅使得它的读者群体极端地小,并且至今也未有中文版。1959年,罗素在《我的哲学的发展》一书中称,据他所知,读过《数学原理》后面部分的只有六人。事实上,《数学原理》发表多年后,依然不断有人试图求解其中已经解决的一些问题。

《数学原理》的悲剧还不止于此,1931年天才的哥德尔(Kurt Gödel)发表了一篇划时代的论文,题为《论＜数学原理＞及其相关体系中的形式上不可判定命题》,其中给出了著名的哥德尔不完全性定理:它表明任何像《数学原理》那样的体系如果是自洽的,那必然是不完备的。这一工作轰动了整个数学、哲学与逻辑学领域,也颠覆性地冲击了《数学原理》的价值。既然必定存在着一些真命题,用书中的逻辑推理方法无法证明,那么书中的逻辑系统还有何完备性可言?(罗素与怀特海所指的完备性,其实是指涵盖范围广泛。实际上,在哥德尔之前,几乎所有数学基础的研究者,都默认了不存在

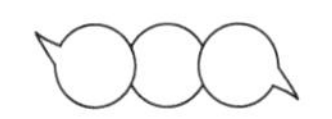

无法证明的真命题。）哥德尔不确定性定理沉重地打击了罗素，10余年的辛苦工作与付出失去了意义，甚至一向坚信的逻辑主义思想都遭到了动摇，《数学原理》给他留下的，只剩下痛苦的回忆。

《数学原理》是逻辑主义一场破碎的梦想，但也是一次可敬的尝试。它大大推动了20世纪初基础数学、哲学和逻辑学界的相关研究，直接催生出哥德尔定理这样意义重大的反向研究，也为后来现代逻辑计算机乃至智能程序设计开启了思路。人工智能研究者中的符号主义学派，正是使用类似的方式，建立理性思考的逻辑系统，进而实现智能行为。即使抛开一切现实意义，《数学原理》作为统治一个时代的逻辑主义哲学思想在伟大智者工作下的精华，也值得被永久珍藏。

1943：麦卡洛克和皮茨提出M-P模型

1943年，在神经科学家沃伦·麦卡洛克（Warren S. McCulloch）和逻辑学家沃尔特·皮茨（Walter Pitts）发表于《数学生物物理学通报》上的《神经活动内在思想的逻辑演算》一文中，使用连接在一起的许多细胞单元，来试图解释大脑如何产生高度复杂的模式，这些基本的细胞单元被称为神经元。麦卡洛克和皮茨在他们的论文中给出了一个高度简化的神经元模型——麦卡洛克和皮茨模型，即M-P神经元模型。实际上，我们可以在大多数电子商店购买到一个符合要求的M-P神经元，但它们通常被称为"阈值逻辑单元"。

我们把一组连接在一起的大量M-P神经元称为人工神经网络，一个人工神经元接收一个或多个输入（表示神经树突的兴奋性突触后电位和抑制性突触后电位）并将它们相加以产生输出（或激活，表示神经元沿其轴突传递的动作电位）。通常每个输入都是单独加权的，其总和再通过一个非线性的激活函数或传递函数。传递函数通常是S形，当输入超过0时其输出会很快地爬升至1，反之则快速下降至－1。但是也可以采用其他非线性函数，分段线性函数或阶梯函数的形式，它们通常也是单调递增的、连续的、可微分的和有界的。从某种意义上说，大脑就是一个非常大的神经网络，它有数千亿个神经元，每个神经元与数万个其他神经元相连。

麦卡洛克和皮茨展示了如何通过适当的M-P神经元网络对任意逻辑单元进行编码拟合，进而也从理论上证明，任何可以用计算机完成的事情也可以通过M-P神经元网络来完成。麦卡洛克和皮茨还表明，M-P神经元组成的每个网络都能编码某一个实际的逻辑命题，因此，如果大脑是一个神经网

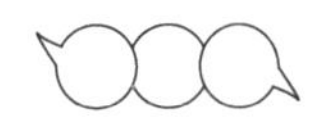

络，那么它将能够编码一些非常复杂的计算机程序。但 M-P 神经元并不是真正的神经元，它只是一个高度简化的模型，因此我们在根据 M-P 神经元的特性得出关于真实神经元的结论时必须非常小心。

人工神经元被设计成模仿其生物对应物的各个方面，通常包含(图 7)：

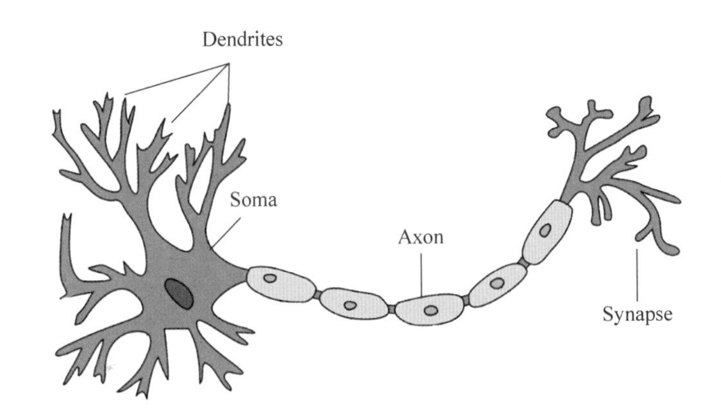

图 7　生物神经元的构造图

- 树突(Dendrite)：在生物神经元中，树突充当输入向量。这些树突允许细胞从大量(>1000)相邻的人工神经元接收信号。在经过这样的数学操作后，每个树突能够累加与相邻树突的权重乘积，从而实现信息的倍数增加。在生物神经元中，这种运算通常是通过增加或减少树突中引入的用于回复突触神经递质的化学信号物质的比率来实现的。通过在树突上传递信号抑制剂给接收端的突触神经递质，可以实现抑制效果。
- 胞体(Soma)：正信号和负信号(分别代表激发和抑制)从树突到达胞体，通过简单地在细胞体内的细胞液中混合，正负离子被有效地整合在一起形成新的输出。
- 轴突(Axon)：轴突从胞体内发生的整合结果中获取信号。轴突的开口本质上是体内细胞液的电位进行采样积累，一旦体细胞达到一定的电位，轴突将沿其长度传输一个 all-in 信号脉冲。就这点而言，轴突表现出将人工神经元连接到其他人工神经元的能力。

基本上，神经元接收树突的输入信号，通过类似电缆的结构将输出传递给其他连接的神经元。这可能在生物学上是不准确的，但从更宏观的角度去看，这正是我们大脑中的神经元所发生的事情：接收输入，处理它，然后抛出输出。我们的感觉器官与外部世界相互作用，并将视觉和声音信息发送给神经元。假设你正在看你的朋友，那么现在，你的大脑收到的信息将由一组控制你是否要去微笑的神经元去处理，这组神经元将帮助你决定是否微笑。每个神经元只有在其激活标准被满足时才会被激活。

当然这只是一个简化例子，实际上，在我们的大脑中有一个大规模并行的超过 10^{11}(1000 亿)个神经元互连的网络，它们之间的联系并不是那么简单地依赖几组能够做出决策的神经元。感觉器官接收到外界的信息，将信息传递给神经元的第一层（最低层）来处理，进程的输出以分层的方式继续传递到下一层，一些神经元将被激活，一些神经元将不会被激活，并且这个过程一直进行，直到它导致最终的响应，也就是是否要微笑的决策。

这种大规模并行网络还确保了分工机制，每个神经元仅在满足其预期标准时才会被触发，即神经元可以对某种刺激发挥某种作用。人们通常认为神经元以分层方式排列（然而，科学家们提出了许多具有实验支持的可靠替代方案），每一层都有自己的作用和责任，为了检测面部，大脑可能依赖于整个网络而不是单个层。

神经元的第一个计算模型是由麦卡洛克和皮茨于 1943 年提出的（图 8）。它可以分为两部分，第一部分是 g，用于接收输入，执行聚合；第二部分由 f 根据聚合值去做出决定。

神经元的输入可以是兴奋型的或抑制型的。抑制型输入是指那些对决策影响最大的输入，当它触发时，不再考虑其他输入，直接触发抑制，例如，我对是否能在移动设备中观看非常在意，当 x_3 为 1 时，我的输出将始终为

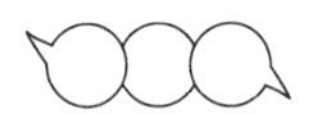

0，即神经元永远不会激活，因此 x_3 是抑制型输入。然而，兴奋型输入不会使神经元自身直接发射，但是它们可以组合在一起达到发射的结果，人工神经元会把各种兴奋型输入加权求和，当达到或超过该人工神经元的激活阈值时就将会激活，然后把信号通过树突发射出去。人工神经元的输入都是布尔值，输出也都是布尔值，所以基本上，神经元只是试图学习布尔函数，比如或、和、异或等。基于适当的输入变量，可以将很多布尔决策问题投入这里，比如是否继续阅读这本书，在阅读这本书之后是否会推荐给好友等问题都可以由 M-P 模型表示。M-P 模型最基本的形式如图 9 所示。

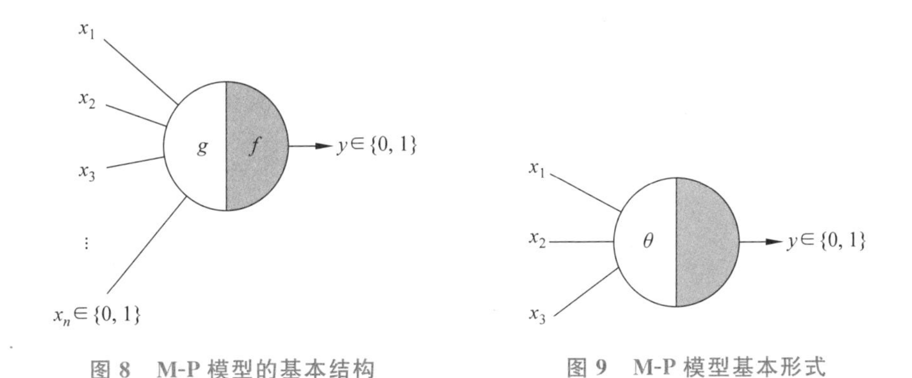

图 8　M-P 模型的基本结构　　图 9　M-P 模型基本形式

当输入的加权和超过门限时，该神经元将被激活，进而向与之相连的神经元传递信号，否则将不会传递信号。以此神经元为基础，通过不同的加权方式和的取值可以构造出不同的逻辑单元，比如“与”单元，当输入的三个神经元均为 1 时(即均以权重 1 加权求和后超过阈值 3)，该神经元才会被激活，从而实现“与”的功能。还可以构造出“或”单元，当输入的三个神经元至少有一个 1 时(即均以权重 1 加权求和后超过阈值 1)，该神经元就会被激活，从而实现“或”的功能。

M-P 神经元可以被用来实现这些相当复杂的逻辑单元，但它仍然有以下局限性：

- 难于处理非布尔型输入。

- 需要人为设置阈值和权重。
- 默认所有输入都是等价的，当我们需要对输入的重要性做区分时，M-P 模型会比较困难。
- 对于高度非线性的逻辑单元，M-P 模型将很难去构造。

正是由于 M-P 模型的这些缺点，它并没有为人工智能的研究带来太大的突破，但它的思想为之后的研究提供了非常好的思路。美国心理学家弗兰克·罗森布莱(Frank Rosenblatt)于 1958 年提出了一个更加强大的人工神经元模型——经典的感知器模型，克服了以上提到的 M-P 模型的局限性，它是比 M-P 模型更通用的计算模型，其权重和阈值可以随着学习而改变，从而更好地适应当前的问题。

1946：电子计算机的诞生

计算机科学是推动人工智能诞生的基础，计算机的问世为人工智能的研究提供了工具，时至今日，我们也把人工智能看成计算机科学下的一个分支。

人类对可计算机器的探索从古代就已经开始了，历史上有许多数学家对计算机器的模型进行了改造。例如中国古代的算盘，17世纪初英国出现的计算尺等(图10)。这些早期的计算工具都是用来标记计算过程的辅助工具，它们无法记录计算法则，也无法设定计算步骤。

图10　中国的算盘和英国的计算尺

在19世纪初，英国数学家查尔斯·巴贝奇(1791—1871)设计了一个可编程计算机，目的是将一个完整的计算过程用机械的方式全自动化地实现，由他提出的分析机架构与今天计算机十分相似。为了肯定他在计算机方面的贡献，巴贝奇被后人称为"计算机之父"。埃达·洛夫莱斯也曾经预言，这样的机器"可以创造出极其复杂却又无限美妙的音乐作品"(埃达·洛夫莱斯(1815—1852)被后世公认为是第一位程序员，因为她留下的笔记详细地说明了使用引擎计算伯努利数的方法)。

一般来说,计算机的发展可以分为三个时代,每一个时代都持续了一段时间,每一时代的计算机都有颠覆性的革命和改进。下面进行简要介绍。

第一个时代是1937年至1946年。世界上第一台电子数字计算机由约翰·阿塔那索夫(John V. Atanasoff)博士和他的学生贝利(Clifford Berry)建造。它被称为ABC计算机(Atanasoff-Berry Computer)。1943年出现了一个名为Colossus的电子计算机,它是专为军事用途打造的。世界上第一台现代电子计算机ENIAC(Electronic Numerical Integrator And Computer,即电子数字积分计算机)(图11),于1946年2月14日在美国宾夕法尼亚大学诞生。它是由宾夕法尼亚大学电气工程学教授莫奇利和埃克特领导,目的是为美国陆军实验室用来进行军事技术研发而设计的。在宾夕法尼亚大学电机学院揭幕典礼上,ENIAC向前来观看的来宾们展示出了它的计算能力,在1秒钟内进行了5000次加法运算。尽管这样的计算速度无法与现在的计算设备相比,但它比当时最快的基于继电器的运算速度快1000多倍。

图11　在宾夕法尼亚大学展览的世界上首台计算机——ENIAC

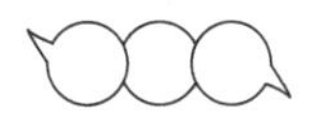

ENIAC 的体积十分庞大，它需要放置在一间大型房间内，显得十分“笨重”。尽管后续对 ENIAC 的改良可以实现稍微复杂的计算功能（例如求正余弦函数），但它的维护工作依然非常繁重复杂，计算效率也很低。

在这之后不久，美国数学家冯·诺依曼(John von Neumann)提出了计算机的基本原理（图 12）：程序存储原理，并提出新一代计算机“爱达赛克”(Electronic Delay Storage Automatic Calculator，EDSAC)和“爱达瓦克”(Electronic Discrete Variable Automatic Computer，EDVAC)。如果说图灵机阐明了现代计算机的运行原理，奠定了理论基础，那么冯·诺依曼的计算机则是将理论模型彻底实现，并建立了计算机体系结构的概念。冯·诺依曼结构采用存储程序的原理，以运算单元为中心，将指令存储器和数据存储器合并在一起。

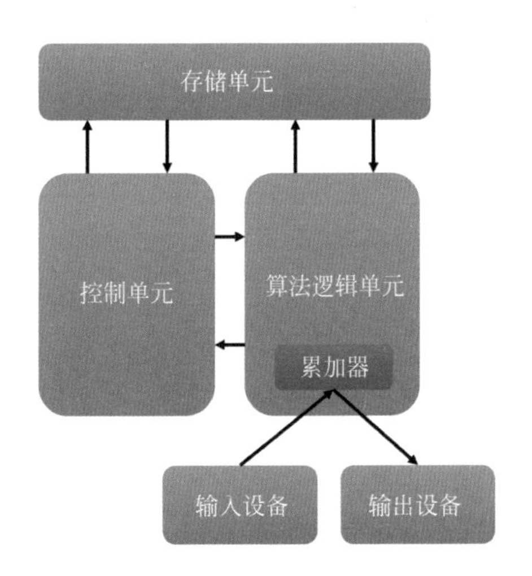

图 12　冯·诺依曼计算机体系结构

第二个时代是 1947 年至 1962 年，这一代计算机使用晶体管代替真空管。早期计算机只限于军事用途，用于辅助军事技术的研发，进行某些计算工作。1952 年，IBM 公司开发出世界上最早成功的商品计算机 IBM 701（图 13），这标志着计算机正式进入商业用途，也标志着信息产业的开始。但当时的人们还对计算机一无所知，不知道它有哪些潜在的用途。随着军事上和民用的发展，工业化国家的许多科技公司逐渐投入计算机生产领域中，也有一些数学家们开始尝试利用计算机解决某些数学问题。

图 13 "国防计算机"——IBM 701 大型机

虽然计算机的通用性证明了它能够解决某些大型且复杂的问题，但除了硬件系统的实现外，使用计算机必须编写专用的程序软件。由于早期计算机系统很难拓展使用，人们需要编写基于二进制的程序来完成他们的目的。这种机械式的程序不仅编写困难、消耗时间长而且不易修改。1954 年由 IBM 研究员约翰·巴克斯(John Warner Backus)领导的团队设计出第一个高级程序设计语言 Fortran。程序开发者可以利用 Fortran 编写高级指令，而不用关心更底层的细节，能够将精力集中在解决实际问题上。Fortran 语言大大提高了程序开发效率，推动了 IBM 公司最新的计算机设备——IBM 704 成为当时最成功的计算机，也使 IBM 公司逐渐成为计算机产业的老大。

随着计算机应用技术的不断进步，计算机的运算能力也越来越强，在计算过程本质、程序设计、计算机体系结构等方面都取得了快速的发展。在这一代计算机中，开发了 100 多种计算机编程语言，一些新的高级程序设计语

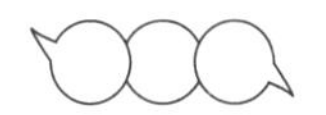

言也相继提出，包括COBOL、LISP等。尽管早期计算机应用的主要领域仍然是军事领域，但计算机也开始在商务数据处理和工业界应用中崭露头角。正是在这样的背景下，人工智能开始萌芽。

第三个时代是1963年至今，集成电路的发明为我们带来了第三代计算机。集成电路的革命使计算机变得更小，更强大，也更可靠，计算机能够同时运行许多不同的程序。1980年，微软磁盘操作系统（MS-DOS）诞生；1981年，IBM推出了个人计算机（PC），供家庭和办公室使用；三年后，苹果公司发布了带有图形界面的计算机（Macintosh）；20世纪90年代，我们熟知的Windows操作系统问世（图14）。

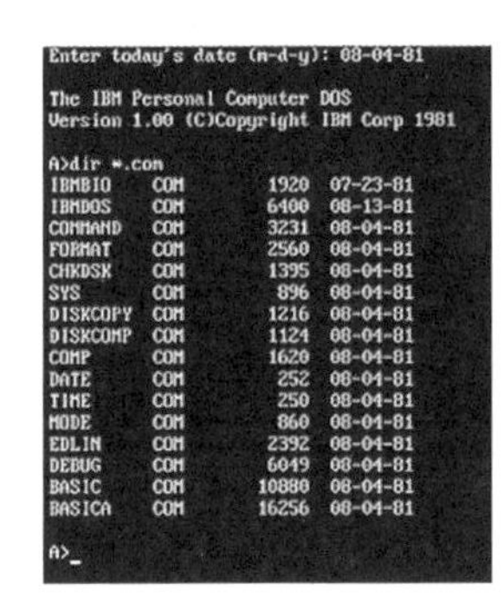

图14　从MS-DOS到Windows系统

1949：赫布学习规则

唐纳德·赫布(Donald Hebb)在《组织行为的神经心理学理论》(*The Organization of Behavior*)(图15)一书中提出了赫布规则(Hebb Rule)："当细胞A的轴突到细胞B的距离能够足够的近，以至于能刺激到细胞B，且反复地或持续地对其进行刺激，那么某种增长过程或代谢反应将会发生在这两个细胞或一个细胞中，以此增加A对B的刺激效果。"现在，该规则也被称为"赫布学习"(Hebb Learning)。

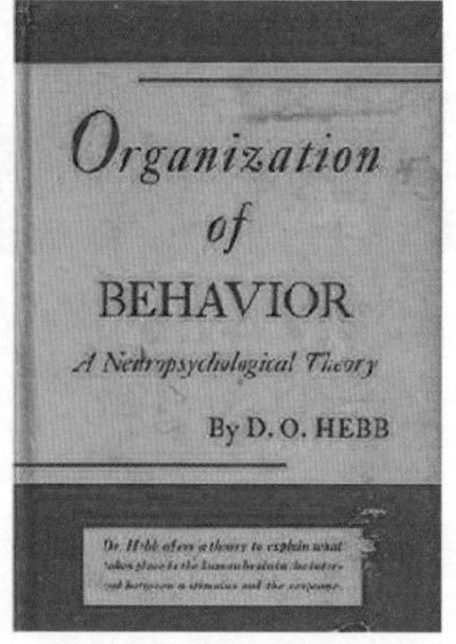

图15　唐纳德·赫布和他的著作《组织行为的神经心理学理论》

赫布学习规则是一种神经科学理论，声称突触效应的增加是由突触前端细胞对突触后端细胞的反复并持久地刺激而引起的。他试图解释突触的可塑性，即学习过程中大脑神经元的适应性。

让我们假设反射活动(或过程)的持续或重复会倾向于引起增加细胞稳

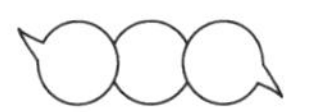

定性的持久变化。当细胞 A 的轴突到细胞 B 的距离足够小，以至于可以对细胞 B 进行反复或持续的刺激，那么一些生长过程或者是代谢过程的变化会紧接着发生在其中一个或者两个细胞中，从而促使细胞 A 的功能得到增强。

该理论通常被概括为“一起激发的神经元连在一起”(Cells that fire together, wire together)。然而，这个概括不能仅仅限于其字面的意思。唐纳德·赫布在他的理论中强调，细胞 A 必须要参与刺激细胞 B，并且这种效应的产生当且仅当发生在细胞 A 刺激后的即刻，而不是和细胞 B 同时发生的。在唐纳德·赫布的理论中，这一重要的想法实质上指出了现在人们所了解的关于“尖峰时刻依赖”的可塑性的概念，这个过程是存在时间的先后顺序要求的。

这一理论也解释了人脑联想的过程，联想过程中细胞的同时激活，导致了这些细胞之间的突触强度得到了明显的增加。它为教育和记忆康复的无差错学习提供了生物学基础，在之后的认知功能神经网络的研究中，它通常被认为是无监督学习的基础。

赫布学习规则的理论一直都是传统神经网络理论的主要基础。在之后的相关研究中，有学者通过实验验证了唐纳德·赫布的理论。艾瑞克·肯德尔(Eric Kandel)的实验室进行了相关的实验，验证了赫布学习规则的理论在海洋腹足类动物的神经突触变化过程中起到了作用，为这一理论提供了实验的证据。赫布学习规则中的突触变化机制，在脊椎动物中枢神经系统的突触上的实验是非常复杂且困难的，而在海洋无脊椎动物的相对简单的周围神经系统中，实验相对会简单很多。虽然在脊椎生物神经系统上的实验非常困难，但是在之后的一些相关工作中，研究者们还是通过一些现象推断出了脊椎动物神经系统确实也存在赫布学习规则的学习过程。

赫布学习规则和“尖峰时刻依赖”的可塑性的概念，已经被应用于“镜像神经元如何形成”的相关理论中。镜像神经元是当个体执行动作时以及当个体发现另一个个体在执行类似动作时所激活的神经元。镜像神经元的发现，对解释个体是“个体是如何理解其他个体的行为”方面具有非常重要的影响力，它表明了当一个人感知到他人的行为时，会激活自己执行类似动作的运动过程(神经元)，以此来理解他人的行为，在此之后，激活这些运动过程能够增加感知到的信息，并根据感知者自己的运动程序来帮助其预测他人接下来的动作。

克里斯蒂安·克塞思(Christian Keysers)和唐纳德·皮瑞得(David Perrett)认为，当个体进行特定的动作时，个人能够看到、听到并感觉到自己正在执行这个动作。这些重新被传入的感知信号将触发神经元中响应于视觉、声音和动作感知的活动过程。因为这些感知神经元的活动将会始终与导致该动作的运动神经元的活动相互重叠，所以根据赫布学习规则的相关理论，连接神经元的突触将会因为响应于动作过程的视觉、听觉和触觉以及被触发的那些神经元的相关行为而被加强。当人们在镜子中看到自己，听到自己说的话，或者看到自己被别人模仿时，情况也是这样的一个过程。在经历了这种重新参考的反复过程之后，连接动作过程的运动神经元的突触将会对响应声音、视觉和触觉的神经元进行强烈的刺激，由此产生了新的镜像神经元(图16)。

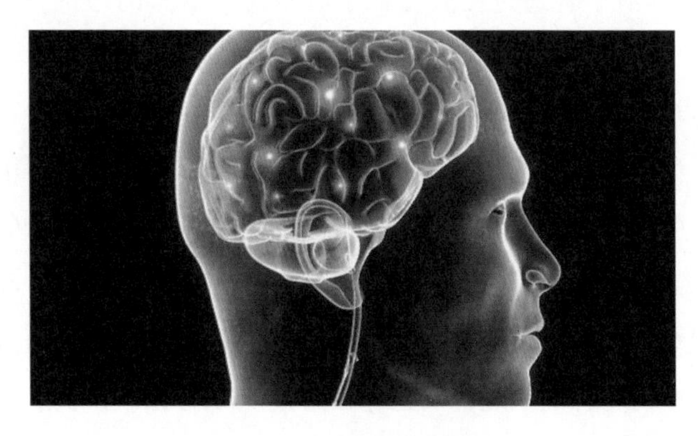

图16　人脑神经示意图

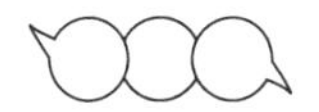

有很多的实验为这一解释提供了证据。这些实验表明，在刺激与执行过程再次配对时，也就是说新的听觉或视觉的刺激能够触发运动过程的再次执行。例如，从未弹过钢琴的人在听到钢琴音乐时，不会激活参与弹钢琴的大脑区域。然而，这些人在接受了5个小时的钢琴课程教学后，每次听到钢琴声都会触发大脑的特定区域，而这些区域就是新形成的与弹钢琴的动作过程相关的神经元。

1950：人工智能之父——图灵

1950 年，著名的英国数学家、逻辑学家阿兰·图灵（Alan Turing）发表了一篇题为《计算机器与智能》的论文，为人工智能的领域诞生敞开了大门，奠定了人工智能学科的基础。这篇文章提出了一个基本问题："机器能思考吗？"图灵接着提出了一种评估机器是否可以思考的方法，即图灵测试（Turing Test）（图 17）。

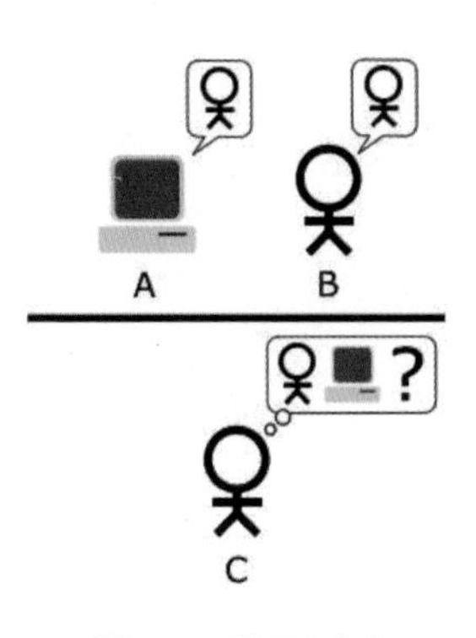

图 17　图灵测试

图灵测试是一个证明机器能否真正思考的一个测试，他的测试方法十分简单：一个人类测试者向机器提出一些问题，机器给出自己的回答，如果人类测试者在得到这些回答之后无法分辨对面的是人还是机器，那么这台机器即通过了测试，也就是说这台机器具备思考的能力。图灵测试并不仅仅是简单地提出了这样一个问题，而是直接定义了人工智能的核心问题，这一问题使当时许多计算机科学家对建造智能机器充满了期待，也直接带动了 20 世纪 50 年代一系列关于建立人工智能领域的相关活动。早期自然语言处理方面的探索就是研究人员在试图解决图灵测试的过程中展开的。

但有关图灵测试是否能够准确衡量人工智能的争议也很多，多年来一直都有学者对这种测试方法进行批评，因为问题的性质必须受到严格的限制，才能使计算机展现出类似人类的智慧。如果提问者给机器制定了可查询的数据库，那么计算机可能会获得高分，因此它们有"是"或"否"的答案完

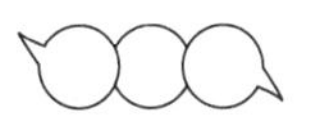

全取决于机器设计者为机器设定的知识领域。当问题是开放式的并且需要对话过程时，计算机程序不太可能成功地欺骗提问者。即便能够像人类一样对话，我们也无法判断人工智能是否具有人类智能，因为“成功欺骗人类”与“像人类一样思考”并不等同，而且我们对人类智能的理解也还非常有限。

对于许多人工智能研究人员来说，计算机是否可以通过图灵测试的问题已经变得无关紧要。我们不应专注于如何说服人类，他们正在与人而不是计算机程序交谈，而应该关注如何通过使用对话界面使人机交互更加直观和高效。但不可否认，图灵测试在人工智能的发展历程中起着很重要的作用，它对于人工智能的学术研究也具有很大的参考价值。

图灵还提出了可计算性理论、图灵机（图 18），他被后人称为“现代计算机之父”。

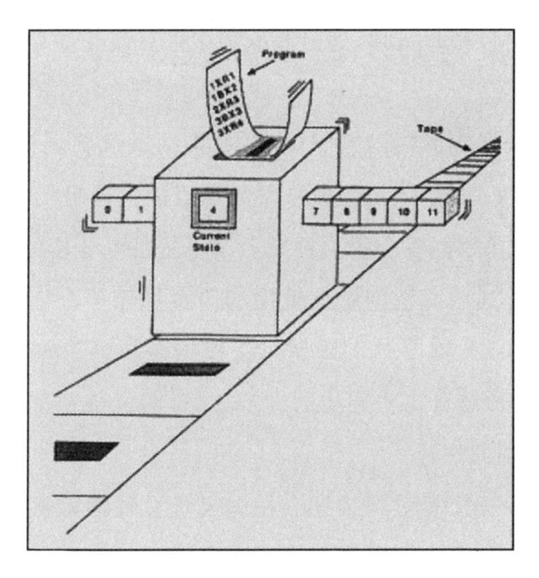

图 18　图灵机

图灵机，又称图灵计算机，是一种抽象计算模型，它是将人们使用纸笔进行数学运算的过程进行抽象，并由一个虚拟的机器完全自动地完成整个计算过程。一个图灵计算机可以看成是一个自动装置，它可以从一条纸带上读入内容，并能够控制纸带的移动、读取、写入或停机。如果给定一套控制规则、内部的状态寄存器和纸带上的内容，图灵机就能自行决定下一步的动作，进而实现复杂的计算过程。

有多种角度可以解释为什么图灵机可以成为现代计算机的“模板”：

(1) 任何我们希望计算机执行的高级运算都可以在图灵机上实现。例如曾获得“图灵奖”的著名计算机科学家约翰·霍普克罗夫特(John E. Hopcroft)曾在一本著作中提到：“图灵机可以模拟编程语言中任何类型的子程序，包括递归程序和所有的参数传递机制。”因此，关于图灵机存在局限性的一些议题也适用于真实的计算机。

(2) 图灵机理论上能够操纵无限数量的数据。然而，在有限的时间内，图灵机也只能操纵有限数量的数据。

(3) 图灵机可以根据需要，通过获取更多磁盘或其他存储介质来扩大存储空间。

(4) 一个解决实际问题的逻辑运算，如果抽象成图灵机的执行步骤，通常十分复杂。例如，描述一个算法的图灵机可能具有几百个状态。计算机上的指令繁多，简单罗列指令的这种表示通常是不可分析的。

(5) 图灵机描述的算法与它们使用的内存量无关。任何当前机器所拥有的存储器都有限制，但是这种限制可以根据需要通过增加计算资源来放宽。理论上，无论传统计算机架构的进步如何，图灵机都能让我们对需要执行的算法做出合理的解释。

(6) 图灵机简化了算法的描述。在图灵机这种抽象机器上运行的算法更加通用，因为它们具有可用的任意精度数据类型，并且不必处理意外情况，比如耗尽内存。

图灵机是人工智能乃至整个计算机科学最重要的概念之一，图灵机和计算理论告诉我们，一切可计算过程都能够用图灵机进行模拟。我们可以把现代计算机看成一个复杂化的图灵机，图灵机也是现代计算机的终极简

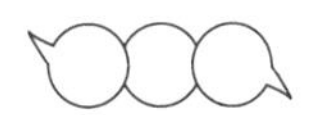

化版和鼻祖。

艾伦·图灵(Alan Turing)是英国的计算机科学家、数学家、逻辑学家、密码分析师和理论生物学家(图 19)。他在理论计算机科学的发展中具有很大的影响力，提出图灵机用来解释算法和计算的形式化概念，图灵机被认为是通用计算机的前身，图灵也被广泛认为是理论计算机科学和人工智能之父。

图 19　艾伦·图灵(Alan Turing)

在第二次世界大战期间，图灵被英国皇家海军招聘，并在英国军情六处监督下从事对德国机密军事密码的破译工作。两年后他的小组成功破译了德国的密码系统 Enigma，从而使得军情六处对德国的军事指挥和计划了如指掌。他设计了一些技术来加速破解德国密码，包括改进战前的波兰炸弹法，即一种机电机器可以找到设置的谜机。图灵在破解所截获的编码信息方面发挥了关键作用，使盟军在许多重要的交战中击败纳粹，包括大西洋之战；据估计，这项工作使欧洲的战争缩短了两年多，并挽救了超过 1400 万人的生命。

“二战”后，他在国家物理实验室工作，在那里他设计的 ACE，是存储程序计算机的第一个设计。1948 年，图灵加入马克斯·纽曼在曼彻斯特维多利亚大学的计算机实验室，在那里他帮助开发曼彻斯特计算机，他还对数学、生物学感兴趣。他写了一篇名为《形态发生的化学基础》的论文，并且预测了振荡化学反应，如 Belousov-Zhabotinsky 反应，该反应首次在 20 世纪 60 年代观察到。

为纪念图灵对计算机领域做出的贡献，1966 年美国计算机协会设立图灵奖(A. M. Turing Award)，专门奖励那些对计算机事业做出重要贡献的个人。图灵奖的评选流程非常严格，对候选人的要求非常高，而且每届图灵奖只评选出一名计算机科学家，只有极少数年度有两名科学家因合作贡献而同时获奖。也有人将图灵奖比作计算机界的“诺贝尔奖”，尽管奖金并不高，但却被广泛认为是计算机领域的“皇冠”。

从 1966 年到 2017 年的 52 届图灵奖，共计有 67 名科学家获此殊荣，其中美国学者最多，此外还有英国、瑞士、荷兰、以色列等国少数学者，华人学者姚期智因在计算理论上的成就而获得 2000 年的图灵奖。

1950：棋类程序

从20世纪50年代后期，有一些人工智能的研究者开始编写计算机程序来解决棋类问题。英国计算机科学家克里斯托弗·斯特雷奇（Christopher Strachey）和曼彻斯特大学的戴崔希·普里茨（Dietrich Prinz）分别设计了跳棋程序和国际象棋程序。在这之后，美国科学家亚瑟·塞缪尔（Arthur Lee Samuel）进一步增强了跳棋程序，他的程序已经具备了很强的实力，可以从自身的错误中吸取经验不断学习，并且能够战胜一些具有不错水平的业余爱好者。棋类问题一直都是人工智能发展历史上评价智能的一种重要方式，因为棋类的规则清晰，容易在计算机程序中实现，方便模拟。

在棋类当中，国际象棋是受到较多算法研究的棋类之一。国际象棋是一个双人棋盘游戏，包括兵种系统和操纵兵种的规则。兵种类型一共有六种，分别为王、后、车、象、马、兵。该游戏的目标是将对手的国王置于无法避免的捕获威胁之中。从游戏理论的角度来看，国际象棋属于零和完美信息的游戏，"零和"意味着如果A玩家的成功移动就是对B玩家的不利影响，"完美信息"意味着每个玩家都拥有共同的全局信息。

国际象棋游戏机的历史十分久远，最远可以追溯到18世纪。在当时，沃尔夫冈·冯·肯佩伦（Wolfgang von Kempelen）声称实现了可以自动下棋的机器，并称为自动下棋选手。该机器在欧洲和美洲赢得了绝大多数的比赛，甚至打败了许多国际象棋专业选手。然而，后来人们发现，该机器并非真的是"自动下棋"，而是依靠人类国际象棋大师在里面操控来取得比赛胜利。这使得该机器成为一个闹剧。

此后,有许多声称为国际象棋游戏机的机器出现,但绝大多数都是依靠专业人类玩家在背后操控。然而,尽管早期出现了许多恶作剧,但并没有浇灭真正的科研人员对于国际象棋游戏机的研究热情。1948 年,诺伯特·维纳(Norbert Wiener)在他的《控制论》(Cybernetics)一书中,从理论角度分析利用具有评估功能的极大极小搜索开发国际性象棋程序的可行性。自那以后,许许多多知名的科学家纷纷为国际象棋程序的开发贡献出自己的力量,其中较为著名的便是香农(图 20)和图灵。

图 20　克劳德·艾尔伍德·香农(Claude Elwood Shannon)

香农十分喜欢玩国际象棋,并且他不仅是一个业余爱好者,也具备一定的专业性。他曾经与被认为是有史以来最有天赋的国际象棋选手之一米哈伊尔·博特维尼克(Botvinnik)进行切磋,并且坚持了四十多个来回,足见其专业性。在他与博特维尼克比赛时,香农便从理论角度对国际象棋进行分析,之后还考虑能否利用编程打造一个可以与人类下国际象棋的机器。

香农对于机器和人类在象棋领域的优劣势有自己的见解,在他看来,一方面,至少在国际象棋领域,机器比人类更具有优势。在下棋过程中,人类

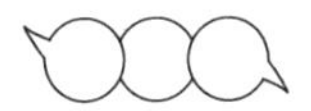

的注意力会逐步下降，并且会受到各种各样的情绪影响，而机器不会厌倦或者疲劳，并且具备远超人类的计算速度和无限的计算能力。另一方面，他也认为，人类的思维具有灵活性、想象力、归纳以及学习能力，而人工智能并不具备这些能力，这会使人工智能在高水平国际象棋比赛中吃亏。由于机器与人类的不同，香农告诫我们，不要让机器像人类一样，而应该与机器本身的容量和弱点相匹配。机器的速度很快，准确率很高，然而分析能力、识别能力并不能使我们满足。所以机器应该需要根据自己的优点和缺点进行处理，而不是按照对待人类一样的方法进行处理。

1950年，香农发布了一篇名为*Programming a Computer for Playing Chess*的论文，这是第一篇关于计算机国际象棋问题的论文。在论文中，他提出，根据当前象棋位置得到的评估函数，让计算机决定采取什么行动的这一过程是极小极大过程。

基于自己的观点和相关的论文，香农为人工智能领域做出了最早的贡献之一：自己制造的国际象棋游戏机。这台机器完成于1949年，只能处理游戏，而不能用在其他领域。这个机器在现在看来是十分笨拙的，它使用超过150个继电器开关来计算移动，但只能在长达十秒甚至十五秒的时间内做出下一步决策。尽管如此，我们不能否定这台机器的历史重要性，它虽然很简单，但却是世界上第一台国际象棋计算机之一，是深蓝的远古祖先。

此外，香农还将考虑国际象棋棋子位置的方法分为两种策略，通常被称为策略A和策略B。这两种方法构成了几乎所有现代国际象棋程序或国际象棋计算机的基础。策略A有时被称为“蛮力方法”。在最初的概念中，它只涉及计算每个可能的移动和每个可能的收益。这在后来的几年中得到了改进，包括在极小极大搜索中引入alpha-beta截止值，并执行运动评估的启发式排序以提高效率。为了有效地工作，该方法需要具有高处理能力的计算机。由于香农意识到他那个时代的计算机无法充分利用策略A，他设计了策略B作为另一种选择。策略B和策略A本质上的区别在于启发式

“plausible move generator”用于减少每个阶段考虑的移动次数，因此增加了可以分析的“半移动”(“half moves”)数量。如果“plausible move generator”不是最高标准，那么这种方法的缺点是可能错过重要的移动策略。但它确实提供了更合适于当时计算机的计算，并有可能为未来的几次行动找到一个好的决策。香农从未真正写过一个完整的程序来执行任何一个策略，但是设计了许多国际象棋程序从那时起使用的算法。

在国际象棋领域需要引起重视的另一个人则是我们前面提到过的阿兰·图灵(Alan Turing)。不同于香农，尽管图灵对国际象棋十分感兴趣，也在国际象棋的学习上做出很多努力，但他仍然无法达到一个较好的水平。1948年，图灵在他的好朋友大卫·钱珀努恩(David Champernowne)的协助下，编写了一个算法，用于指导机器下国际象棋，这个算法称为Turochamp。该算法引入了静止的概念，当机器处于象棋中的某个位置时，能够通过短时间的计算，判断哪些行动是毫无意义的，哪些行动可以在没有其他参考的前提下，沿着某些路径走很长一段路。然而，当时世界上没有机器能够运行图灵编写的指令。于是，图灵做出了一个令人惊叹的决定，自己模拟机器进行算法的计算和运行。首先，他邀请一个象棋初学者同他比赛，当该初学者下完棋后，图灵利用纸和笔计算该算法给出的决策，这个过程每次耗费约三十分钟，虽然计算时间较长，但该算法助他取得比赛的胜利。图灵并不满足于这场胜利，因为对手仅仅是初学者，因此他又邀请了一个同事阿利克·格伦尼(Alick Glennie)与他比赛，这次图灵输了，阿利克·格伦尼在第29回打败了图灵的Turochamp。尽管如此，这个算法还是显示出它完全有能力在国际象棋中对抗一个人。遗憾的是，图灵未能在有生之年看到他的程序被实际的计算机执行，他在1954年死于氰化物中毒。

按照今天的标准，Turochamp只是一个基础算法，没有考虑国际象棋中关于开局、中场和结束之间差异的概念，并且它仅仅是对位置做出初步评估。但是，这个算法的确理解了国际象棋的比赛规则，也尽量在当时有限的

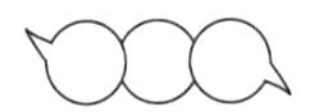

计算机资源下产生移动的决策，因此，该算法对国际象棋算法的研究仍然是具有重要意义的。

研究棋类算法对于人工智能领域有重大意义。一方面，棋类游戏能体现程序的智能性。棋类游戏具有明确的规则，并且对于双方玩家而言，游戏中的信息是全局对等的。因此，如果有一种算法能够打败人类顶尖棋手，那么在信息对等的情况下，这意味着该算法能更高效地利用游戏中的信息，也就是说，该算法在这个游戏上更加智能。另一方面，研究棋类游戏是研究更复杂游戏的基础。棋类游戏相比于策略游戏更加简单，如果算法能够攻克棋类游戏，那么有进一步探索是否能应用到策略游戏的必要性，然而如果算法在棋类游戏中表现很差，那么该算法大概率在策略游戏上也会表现很差，这个时候及时止损，能够减少很大部分的不必要开销。

在本书后面的会讨论其他棋类游戏的算法，比如深蓝、AlphaGo 等，可以发现，每当智能程序在游戏中表现超过人类时，都能引起全世界的广泛关注，足见棋类游戏在人工智能领域的重要性。

1950：机器人三定律

1950年，艾萨克·阿西莫夫在他的短篇小说集《我，机器人》中提到了机器人三定律(图21)。在书的引言中，阿西莫夫把引言的小标题就定为了“机器人三定律”(来自《机器人手册》)，可见他想把这三大定律放在最醒目最突出的位置，同时暗示这三大定律起到了基石的作用。

图21　科幻作品中的机器人

以下是三定律的具体内容：

- **第一定律**：机器人不允许伤害人类个体或者当人类个体受到伤害时袖手旁观(First Law—A robot may not injure a human being or, through inaction, allow a human being to come to harm.)。
- **第二定律**：机器人必须服从人类给予它的命令，当该命令与第一定律冲突时例外(Second Law—A robot must obey the orders given it by human beings except where such orders would conflict with the First Law.)。

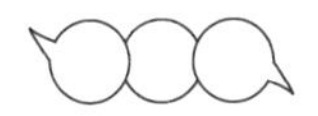

- **第三定律**：机器人在不违反第一、第二定律的情况下要尽可能保护自己的生存(**Third Law**—A robot must protect its own existence as long as such protection does not conflict with the First or Second Laws.)。

这三条定律成为阿西莫夫的机器人小说的纲领和统一主题。在这部小说中几乎所有的正电子机器人都内置了这三条定律，而且它们是强制性地不能被绕开的，是机器人的安全特性。一旦违背这三大定律，机器人自身就会遭受不可恢复的损害。但由于法则的强制性，某些场合机器人的损坏是不可避免的，在两个人互相伤害时，出于第二定律，机器人不允许袖手旁观，因此必须阻止其中的一人，但是这样做势必会伤害它所阻止的那个人，这样就会违背第一定律，因此最终会使它自身遭到损害。

虽然在1950年的《我，机器人》一书中第一次让大众清晰直接地了解到了机器人三定律，但是阿西莫夫第一次明确提出这三大定律是在1942年他所发表的《转圈圈》这个短篇作品中，并且在他一些更早期的作品中已经可以看到机器人三定律的影子了。可以看出阿西莫夫早就开始以三大定律为指导思想来构思他的小说了，事实上，从1941年的短篇小说《推理》开始，他就开始以三大定律作为框架了。

尽管这三大定律为许多故事提供了灵感，但阿西莫夫作为科幻小说大师并不会拘泥于完全原始的这三条定律。基于他的一些思考，他偶尔也会提出三定律的一些改进版。比如在《消失无踪》中，一些“NS-2”(Nestor)机器人被设计成只遵守第一定律的前半句，即“机器人不允许伤害人类”。做出这种改进的动机是有些机器人需要在低剂量辐射暴露的环境下与人类一起工作。因为这些机器人的正电子脑对伽马射线异常敏感，这些机器人在这种对人类不那么致命的辐射之下就会受到严重的损害。假如保持原来的机器人三定律不变，根据机器人第一定律，这些机器人认为人类长时间暴露在这种辐射中是有害的(尽管不那么致命，但确实不能长时间暴露)，因此它们会尝试去“营救”这些人类，这种辐射立马就会让机器人被损坏。移除了第一定律的后半部分则不会产生这种情况，因此这批机器人被设计成只遵守第一定律的前半部分，这样才能与人类一起在这种情况下工作。

除去以上这种微小的修改，阿西莫夫还尝试提出了第四条机器人定律，即机器人“第零定律”。

- **第零定律**：机器人不允许伤害人类整体或者当人类整体受到伤害时袖手旁观（**Zeroth Law**：A robot may not harm humanity，or，by inaction，allow humanity to come to harm.）。

将它称为第零定律，是因为机器人三定律中的每一条的前一条都比后一条更加基本，优先级更高。因此这条定律凌驾于其他三条定律之上。第一个将这条定律明确提出来的角色是《机器人与帝国》中的机·丹尼尔·奥利瓦。但吉斯卡德却是第一个按照第零定律行动的机器人。吉斯卡德具有心灵感应的能力，就像短篇小说《骗子》中的机器人赫比一样，并试图通过它比大多数机器人可以掌握的更为微妙的“伤害”概念的理解来应用第零定律。然而，与赫比不同，吉斯卡德掌握了第零定律的哲学概念，如果它能够为人类的抽象概念服务，那么它就有可能会伤害人类个体。第零定律从来没有被编入吉斯卡德的正子脑，而是试图通过纯元认知来理解的规则。虽然它失败了，它的正子脑还是被摧毁了，因为它不确定其选择是否是为了人类的终极利益。它给了它的继任者机·丹尼尔·奥利瓦心灵感应能力。在数千年的历程中，丹尼尔适应了自己，并且能够完全遵守第零定律。第零定律的意义在于人类整体的利益有时候是和人类个体的利益相冲突的，因此，不遵守第零定律但遵守机器人三定律的机器人是无法为了人类的整体做出合理决策的。这样就变成了四条机器人定律，总体来说这个框架是十分理想的，但是仍然不够完美。毕竟“什么才符合人类的整体利益”这种问题就很难有明确的答案。

除了阿西莫夫本人之外，还有其他的作家围绕机器人三定律提出各种

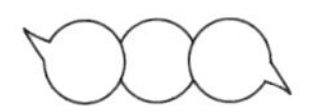

修改，其中比较有代表性的是：

1974年吕本迪罗夫在其小说《伊卡鲁斯之路》中提出的机器人第四定律：

- 机器人在任何情况下确认自己是机器人的身份（A robot must establish its identity as a robot in all cases.）。

1986年里哈里森在其小说《基地之友》中提出机器人第四定律：

- 机器人必须进行繁衍，只要这种过程不违背第一、第二、第三定律（A robot must reproduce. As long as such reproduction does not interfere with the First or Second or Third Law.）。

尼古拉·凯萨罗夫斯基在他的短篇小说中提出了机器人第五定律：

- 机器人必须知道自己是机器人（A robot must know it is a robot.）。

原始的机器人三定律本身还存在一些歧义和漏洞。例如，在《裸阳》中，以利亚巴利指出，法律故意被误传，因为机器人可能在不知不觉中打破了它们中的任何一个。他重申了第一条法则："机器人可能不会做任何事情，据其所知，会伤害一个人；也不会因为不作为而故意允许一个人受到伤害。"这种措辞的变化清楚地表明机器人可以成为谋杀的工具，只要它们不知道它们的任务的性质，例如被命令在人的食物上添加东西，但不知道它是毒药。此外，他指出一个聪明的罪犯可以在多个机器人之间划分任务，这样任何一个机器人都不会认识到它的行为会导致伤害人类。书中还暗示独裁者有一天可能会将机器人用于军事目的。如果航天器是用"正电子大脑"（使用在机器人上的人造脑）建造的，并且既没有人类也没有生命支持系统来维持它们，那么该船的机器人智能可以自然地假设所有其他航天器都是机器人。这样一艘船可以比一个人乘坐的船更灵活，可以更灵活地操作，可以更好武装起来，它的机器人大脑能够屠杀那些完全无知的人类。这种机器人伤人的可能性在书中某些情节也有所体现，比如独裁者拥有一支规模不明的强大警察部队，该部队已被编程为仅将独裁者种族识别为人类。

在我们的现实世界中，机器人本身并没有被设计成遵守机器人三定律。现有的机器人太过于简单，以至于它们甚至不能理解它们正在伤害人类，更不能及时停止行为。即使是目前最为先进的机器人也无法理解机器人三定律。毫无疑问，人工智能方面的进步才是让机器人能够理解这些定律的基石。尽管如此，学界还是有人在认真思考机器人的角色与它们所应当遵守的道德准则。

在 2009 年 7 月/ 8 月期的 IEEE 智能系统中，罗宾 · 墨菲(德克萨斯 A&M 大学计算机科学与工程教授)和戴维 · D · 伍兹(俄亥俄州立大学认知系统工程实验室主任)提出了“机器人责任三定律”，机器人技术作为一种在不仅设计单个机器人平台而且设计大型系统平台时，激发关于责任和权威角色的讨论。法律如下：

1. 如果没有符合最高法律和专业安全和道德标准的人机工作系统，人类可能无法部署机器人。

2. 机器人必须根据自己的角色对人类做出反应。

3. 只要这种保护提供了与第一和第二法律不冲突的控制的平稳转移，就必须赋予机器人足够的位置自主权以保护其自身存在。

2013 年 10 月，艾伦 · 温菲尔德在 EUCog 会议中提出了 2010 年 EPSRC/AHRC 工作组发布的修订后的 5 条法律。

(1) 机器人是多用途工具。除国家安全利益外，机器人的设计不应仅用于或主要用于杀害或伤害人类。

(2) 人类，而不是机器人，是负责任的代理人。机器人的设计和操作应尽可能符合现行法律、基本权利和自由，包括隐私。

(3) 机器人是产品。它们应该使用确保其安全性的过程来设计。

(4) 机器人是人造制品。它们不应该以欺骗性的方式设计来利用易受攻击的用户；相反，它们的机器性质应该透明。

(5) 出现事故之后，应该归咎于对机器人负法律责任的人。

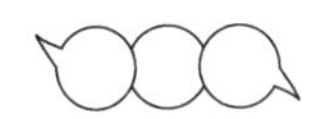

可以预见，未来的机器人肯定会遵守一系列基本原则来指导自己的行为。机器人三定律是一种文学上成功的尝试，它本身作为一种定律或者法律当然还有所欠缺。但是它更高层面的意义在于，它为我们思考机器人和人工智能所面临的道德问题打开了一扇大门，播下了一粒种子。我们不得不认识到技术本身的发展是一方面，技术所带来的道德、伦理问题也是不容忽视的另一个方面。机器人三定律可以算是一次成功的机器人伦理学探讨，非常值得当前面临人工智能技术爆发式发展的我们，去更加深入地思考我们的社会应当如何接纳和融合人工智能和机器人。

1956：达特茅斯会议及人工智能的诞生

通常，人们在研究某一个领域的发展历程时，是很难找到一个精确的时间点来说明这个研究领域到底是什么时候确立的。然而，人工智能学科的建立却有着一个公认的标志性事件，那就是 1956 年的达特茅斯会议(图 22)。

图 22　1956 年达特茅斯会议参会者合影照

其实在 20 世纪 50 年代前期，就有很多学科都在研究所谓的“智能机器”，比如控制论(Cybernetics)、自动机理论(Automata Theory)、复杂信息处理(Complex Information Processing)等等。这些学科分别从不同的角度尝试如何建立一个“智能机器”。而“人工智能”一词正式确定下来就是在

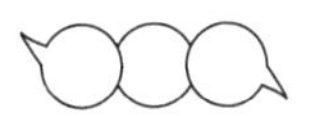

1956年的达特茅斯会议上。

1956年的达特茅斯会议(Dartmouth Summer Research Project on Artificial Intelligence)是在马文·闵斯基(Marvin Lee Minsky，时任职于哈佛大学数学与神经科学研究院)、约翰·麦卡锡(John McCarthy，时任达特茅斯学院助理教授)和来自IBM公司的资深科学家克劳德·香农(Claude Shannon，时任贝尔电话实验室数学家)等人的组织下召开的。这次研讨会一共持续了六周，会议的主题包括：计算机、自然语言处理、神经网络、计算理论、形式抽象等等。参会人对人工智能研究的共同愿景达成了一致："人类学习过程的各个方面，或者说智能的任何特征都可以被机器精确地描述，并且进行模拟。"

这次会议的参与者还包括瑞·索洛莫诺夫(Ray Solomonoff，算法信息论的奠基者)、奥利弗·塞尔弗里奇(Oliver Selfridge，机器感知之父)、亚瑟·李·塞缪尔(Arthur Lee Samuel，第一个跳棋程序的开发者，机器学习领域的先驱)、艾伦·纽厄尔(Allen Newell，信息处理语言发明者之一)和司马贺(Herbert Simon，图灵奖、诺贝尔经济学奖得主)等人，他们在人工智能领域早期发展过程中都做出了重要的贡献(图23)。

在会上，纽厄尔和司马贺首次展示了"逻辑理论家"程序，这个程序可以证明《数学原理》(罗素与怀特海著)中很多与数理逻辑相关的命题，给当时参会的学者们留下了深刻的印象。麦卡锡和与会者们一同确定了"人工智能"一词作为这一领域的名称。1956年达特茅斯会议的顺利召开，赋予了人工智能的名称、研究目标及任务，也确定了这一领域的领导者，因此这一会议被广泛认为是人工智能(Artificial Intelligence，AI)诞生的标志性和里程碑事件。

在这次会议后，约翰·麦卡锡受到了纽厄尔和司马贺"逻辑理论家"程序及信息处理语言(Information Processing Language，IPL)的启发，研制了基于人工智能的语言LISP。与此同时，时任美国兰德公司的研究员冯·诺依曼提出了博弈论，这些都是人工智能领域发展的进步。

图 23 (左上至右下)马文·闵斯基、约翰·麦卡锡、克劳德·香农、亚瑟·李·塞缪尔、艾伦·纽厄尔、司马贺

2006 年,达特茅斯会议的五十年后,几位当事人重聚达特茅斯并回忆当年的情形(图 24)。他们认为,其实 1956 年的达特茅斯会议在合作方面并没有达到预期。许多与会者并不是同时来的,很多议题没有得到充分的讨论,而且大多数人都只关心自己的研究议程。因此,严格地讲,这次研讨会议并不是一个通常意义上的"会议"。关于该领域的通用理论,特别是学习理论,研究者们并没有达成一致。人工智能这一研究领域的建立不是通过就问题的方法论或通用理论达成协议的,而是通过大家对计算机可以执行智能任务的共同愿景而启动的。

马文·闵斯基回忆说,虽然他在 1956 年之前的几年里一直在研究神经网络,但在会议之后他停止了这项工作,因为他确信可以通过其他使用计算机模拟的方法取得进展。闵斯基对当代的人工智能表达了这样一种担忧,即今天人工智能中有太多研究者只做更受欢迎的研究,他们只公布成功的案例。闵斯基认为人工智能要想成为一门严谨的科学,研究者们必须将一

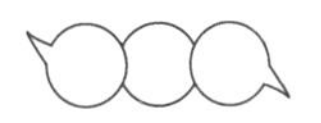

图 24　达特茅斯会议五十周年重聚（左起：特伦查德·摩尔、约翰·麦卡锡、马文·闵斯基、塞尔弗里奇、索洛莫诺夫）

些研究失败的内容和过程也公之于众。塞尔弗里奇则强调了 1956 年会议前后许多相关的研究领域对推动了人工智能学科建立的重要性。他向许多早期开拓性活动表示敬意，例如纳特·罗切斯特（Nat Rochester）设计的 IBM 计算机，弗兰克·罗森布拉特（Frank Rosenblatt）设计的感知器。特伦查德·摩尔（Trenchard More）当时是被罗彻斯特大学派遣到这次会议进行学习的，许多人工智能早期进展的报道是由他推动的。但具有讽刺意味的是，他本人并不喜欢使用“人工”或“智能”作为该领域的术语。索洛莫诺夫说他当时来开会的目的是希望大家相信机器学习的重要性，他在这次会议上也了解了很多关于图灵机的知识，这为他未来的工作提供了很多新的思路。

达特茅斯会议之后的几年间，人工智能迎来了它的第一个春天。科学家们开发出了许多让人们震惊的程序：计算机解决代数应用题，证明几何定理，学习使用英语……虽然当时大多数人还是无法相信机器能够做出更“智能”的行为，但研究者们无论是在私下的交流还是公开发表的论文中都对“智能”表达出了强烈的乐观。他们预言，一个具有完全智能的机器将在不到 20 年内问世。这也吸引了像美国国防高等研究计划署（DARPA）这样的政府机构对这一新领域的资金投入。

1958：LISP：最适合人工智能的编程语言

在1956年之前，从事数字运算的程序员一直都在使用着艰难而晦涩的汇编语言，直到IBM公司所发明的第一个高级编程语言Fortran的出现，极大地提高了程序员的开发效率，降低了学习成本，直至今日Fortran仍然是科学计算中的通用语言。约翰·麦卡锡在IBM公司工作时长期使用Fortran，在这个过程中也发现了很多设计不当的地方，并对Fortran进行了一些修补的工作，尤其是扩展了Fortran对于表处理的能力，从而促进了Fortran表处理语言(Fortran List Processing Language，FLPL)的产生。这里所说的"表"其实就是指由若干个元素(包括零个元素)组成的序列，对表的基本操作主要有6种，分别是插入、删除、访问指定元素、将两个表拼接成一个表、把一个表拆分成两个表以及判断表是否为空。

"若Fortran支持递归，我就可以使用Fortran继续研究。我甚至考虑过如何往Fortran中加入递归，但是那样实现起来过于复杂。"麦卡锡曾经这样说。由于Fortran语言难以支持递归的调用，再加上IBM公司因为其他原因逐渐减少了对人工智能的研究投入，麦卡锡渐渐决定放弃Fortran转向对新语言的设计。1958年麦卡锡回到了大学校园，成为了麻省理工学院的助教，与闵斯基在同一个人工智能项目组工作，他们的团队对这个项目都充满了热情。在这样的环境之下，麦卡锡创造了LISP(List Processing)语言，其含义就是更为纯粹的表处理语言，成功融合了IPL语言处理符号列表的特性和Fortran语言支持代数表达式的特性，简洁而优雅。随后1960年麦卡锡发表论文《递归函数的符号表达式以及由机器运算的方式，第一部》

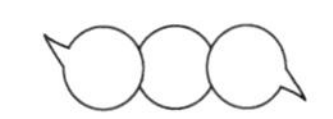

(*Recursive Functions of Symbolic Expressions and Their Computation by Machine*, *Part I*)，从理论上论证了通过 LISP 当中一些简单的算子就可以建立一个图灵完备性的语言用于算法推演，完全能够适用于各种复杂的编程任务。

LISP 带来了很多有创造性的特性，其中不乏在现代已经耳熟能详的甚至是理所当然的机制，包括条件结构、函数、递归、动态的变量类型、垃圾回收机制等等。除此以外，LISP 还有一个非常独特的特点——“代码即数据”，这意味着代码和数据可以用相同的数据结构来表示，也就是所谓的“同像性”(Homoiconicity)，这使得 LISP 可以在程序运行的时候存取自身拥有的函数和数据，并以编程的方式来重新设计自身的结构。同像性可以使得语言在扩展任意一个新的功能或者概念的时候会相对更加容易，因为它能够让编译器理解代码的行为变得与理解代码的数据一样简单，因为语言的格式也就是数据的格式。不过由此带来的缺点就是，LISP 的学习曲线可能会相当的陡峭，一个初学者和资深的程序员写出来的代码有可能像是由两种完全不同的语言编写的。

LISP 适合处理符号表达式的特性，使它在逻辑推理、定理证明相关的应用上大受欢迎，在当时，人工智能在一定程度上等价于符号表达式的处理，各路学者都广泛地使用 LISP，大量应用在包括自然语言处理、代数系统和逻辑系统等相关领域的项目。在工业界，针对 LISP 而设计的专用计算机也受到了时代的追捧，由麻省理工 AI 实验室前成员成立的 Symbolics 公司所生产的 LISP 计算机 Symbolic 3600，在 1983 年能卖出 111 000 美元的价格，并受到了相关媒体杂志的高度称赞。LISP 与后来的 PROLOG 语言并称为人工智能两大语言，对人工智能发展有着相当深远的影响。

1985 年，两位麻省理工学院的教授哈尔·阿伯尔森和杰拉德·萨斯曼以及萨斯曼的妻子朱莉·萨斯曼出版了名为《计算机程序构造与解释》(*Structure and Interpretation of Computer Programs*, *SICP*)的教科书

(图 25),书中使用 LISP 的一种方言 Scheme 向读者解释了计算机科学的一些核心的概念,包括抽象、递归、解释器等等。这本书用于麻省理工学院的计算机入门教程长达二十余年,在世界范围内的高校计算机教育中都产生了深刻的影响,许多经典教材是在此基础之上受到启发或者改进而来的。

图 25 《计算机程序的构造与解释》第二版封面(the_scream)

在 SICP 出版的同一年,C++ 也发布了首个版本,与函数式编程的思想截然不同,C++ 把面向对象编程的思想带向了大众,产生了巨大的影响,在随后的十几年,人工智能热潮衰退,LISP 计算机市场猛跌,C++ 和 Java 成为主流的编程语言,LISP 在工业界中逐渐销声匿迹。好在 SICP 在大学教育的流行并没有因此受到影响,使得这门设计理念过于超前的语言得以在计算机科学迭代的浪潮中保留下来,程序员们还是会通过学习这门语言来提升编程技巧。不过真正让 LISP 重回大众视野中的事件,应当首推 2000 年

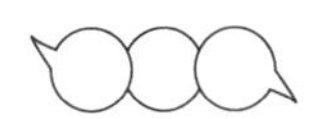

左右保罗·格雷厄姆(Paul Graham)发表了一系列大力推荐 LISP 的文章，例如在《胜于平庸》(*Beating the Average*)中提到，他在创业时使用 LISP 语言编程帮助他在更短的时间内就完成了很多新功能的编写，从而赢得了珍贵的商机。在他的推荐下，一批创业者重新审视并选用了 LISP 语言作为首选的开发语言，进而也推动了 LISP 在现代的发展。话虽如此，LISP 程序员依然只是一个小众的群体而已，主流编程语言也并没有因此受到太大的影响。

保罗·格雷厄姆在《LISP 之根源》(*The Roots of LISP*)中提出了一段对比 C 与 LISP 特性的观点，他认为 C 和 LISP 是两种极端的编程语言模式，而其他的语言则是在这两个极端中间互相结合的结果，并且随着计算机越来越强大，新的语言将会更加偏向于 LISP 的编程模式。对于这一观点，国内资深的 LISP 程序员“冰河”表示非常的认可，同时还给出一些更详细的说明：除了在语法风格上的极端差异以外，这两种语言的运行方式也截然不同，C 语言是编写了一系列独立的可执行文件，由操作系统将这些文件拼接起来再运行，而 LISP 本身就像是一个虚拟机，行使操作系统的职责，把其中的 LISP 代码加载出来，对自身环境和功能进行扩展。

时下最为活跃的两门 LISP 方言无外乎是 Common Lisp 与 Scheme。Common Lisp 继承了 LISP 近半个世纪以来的大部分精华所在，具有完整的 LISP 实现，生产功能完善，有庞大的第三方库支持，适合于各种生产环境的实践任务；相比 Common Lisp 的大而全，Scheme 则是一个小而巧的方言，更接近于最精简版本的 LISP，许多功能都需要自己来实现。对于初学者来说，只要掌握了 Scheme 那不到 100 个核心函数的用法，就可以声称自己学会了 LISP，因此可以说 Scheme 是更适合于初学者去了解学习 LISP 这一门充满神秘色彩的语言。

至今为止，人工智能领域的研究重心已经经历了几场大型的迁移，由传统的基于符号推理的方法逐渐演化为基于统计方法、基于群体智能、基于机器学习等，而目前最热门的则是基于大规模数据集的深度学习方法。“LISP是最适合人工智能的编程语言”这样简单的论断已经不再适合当下的时代背景，但与此同时，我们可以看到越来越多的高级语言正在把 LISP 的特性融入自身当中，包括 Java、C#、JavaScript、Python、Haskell 等主流语言，变得越来越像 LISP。麦卡锡在 LISP 诞生 20 周年纪念日时曾总结道，LISP 之所以能存活这么久，正是因为它接近于“编程语言领域中的某个近似局部最优解”，我们可以预想到，在往后的一段时间内，各种高级语言依然会逐渐地往这个极值点处靠拢。

1960：遗传算法

进化是连续世代生物种群的遗传特征的变化。这些特征的表达基因从父代传递给后代。由于突变、遗传重组和其他遗传变异来源，任何特定群体中都存在不同的特征。进化发生在进化过程中，如自然选择（包括性选择）和遗传漂变作用于这种变异，导致某些特征在群体中变得更常见或罕见。正是这种进化过程使得在生物组织的各个层面产生了生物多样性，包括物种、个体生物和分子的水平。

自然选择的科学进化理论是由查尔斯·达尔文和阿尔弗雷德·拉塞尔·华莱士在19世纪中叶提出的，并在达尔文的《物种起源》一书中进行了详细阐述。自然选择的进化首先通过观察得到证明，即经常产生的后代多于可能存活的后代。接下来是关于生物体的三个可观察的事实：(1)个体在形态、生理和行为（表型变异）方面的性状不同；(2)不同的形状赋予不同的生存和繁殖率（差异适应度）；(3)特征可以代代相传（适应性的遗传性）。因此，在连续世代中，群体成员更有可能被具有有利特征的父母后代所取代，这些特征使它们能够在各自的环境中生存和繁殖。

受到进化论的启发，约翰·霍兰(John Holland)于1960年提出遗传算法（图26）。遗传算法(GA)是一种基于遗传学和自然选择原理的基于搜索的优化技术。它经常被用于找到解决困难问题的最优或接近最优的解决方案，属于进化算法(EA)的一个分支。该算法不要求函数可导，也不要求函数连续，而是直接对于对象进行操作，因此在提出后受到广泛关注。

在介绍遗传算法具体过程前，需要了解该算法中涉及的专业术语。

图 26 约翰·霍兰(John Holland)

- 种群：在遗传算法中，每次迭代或生成都会产生一系列可能的结果，以便最佳地逼近函数，而种群是指在给定迭代之后这些生成的结果的完整集合。
- 染色体：个体(优化问题的解)在编码空间的表现。
- 基因：在遗传算法中，潜在的结果由染色体组成，而染色体又由基因组成。实际上，在遗传算法中，染色体通常表示为二进制字符串，即一系列1和0，表示包含或排除由字符串中的位置表示的特定项。基因是这种染色体中的单个位。
- 一代：在遗传算法中，新的结果集合由先前的结果组成，通过选择一些完整的染色体(通常具有高适应性)以向前移动到新一代(选择)，通过翻转现有的完整染色体并移动到新一代(突变)，或者最常见的是，通过使用现有的基因作为亲本培育新一代的儿童染色体。那么，一代就是遗传算法一次迭代结果的集合。

遗传算法的流程与生物繁衍过程十分相似。生物往往成群结队，形成大大小小的种群。在种群中，有些个体十分强壮，通过各种方法获取自己想要的生存资源，有些个体则十分瘦弱，无法在弱肉强食的环境中很好地生存，甚至时常会有生命危险。在生物繁衍过程中，强壮的个体能够顺利地被保留下来，瘦弱的个体就只能逐渐被淘汰。有些生物比较幸运，虽然父代很瘦弱，但是由于基因变异，它意外地获得使它强壮的基因，从而被保留下来。

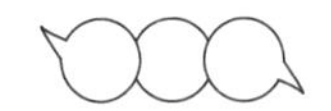

遗传算法的过程与生物繁衍过程相似，它包括5个阶段：初始化、适应度计算、选择、交叉、变异。具体描述如下。

（1）初始化：生成n个染色体的随机种群，类似于生物中的种群。

（2）适应度计算：评估种群中每个染色体x的适应度$f(x)$，类似于上述例子中的“强壮”或“瘦弱”。

通过重复以下步骤创建新人口，直到新人口完成。

（3）选择：根据种群的适合度从种群中选择两个亲本染色体（更好的适应度，更大的选择机会），类似于生物的配偶过程，更强壮的个体有更大可能与异性交配，但瘦弱个体也有机会交配。

（4）交叉：对于要交配的每对父母，从基因内随机选择交叉点。通过交换父母之间的基因直到达到交叉点来创建后代。新的后代被添加到人口中。这个过程类似于生物繁衍产生后代的过程。

（5）变异：在形成的某些新后代中，它们的一些基因可以经受具有低随机概率的突变。也就是说可以翻转位串中的一些位，类似于上述例子中两个瘦弱父母产生后代的过程中发生基因突变，导致后代变得强壮。

（6）如果满足结束条件，则停止并返回当前总体中的最佳解决方案，否则转到第（2）步继续。

其中，第（4）步（选择）的策略有轮盘法、竞争法等。轮盘法选择个体的原则是每个个体被选中的概率与适应度成正比。比如说，种群一共有4个个体，它们的适应度分别是10、20、30、40，那么它们被选中的概率就分别为10％、20％、30％、40％。竞争法则是在N个待选取的个体中随机抽取n个个体，然后再在这n个个体中选出最优的个体。

遗传算法的优点是直观、高效、并行，并且搜索是全局性的，此外，该算法借鉴了达尔文的进化论和孟德尔的遗传学说，具有一定的理论支撑。遗传算法还能在搜索过程中获取和积累有关搜索空间的知识，代代相传。它的缺点也比较明显。该算法涉及的参数过多，并且对算法较为敏感，需要经验性地调试。同时，同一代的个体之间信息交流不实时，导致搜索速度过慢。

将遗传算法与其他优化方法相结合可能非常有效。遗传算法往往非常擅长寻找通常良好的全局解决方案，但在寻找最后几个突变以找到绝对最优时效率非常低。其他技术（例如简单的爬山法）在有限的区域内找到绝对最优效果非常有效。交替地使用遗传算法和爬山法可以提高遗传算法的效率同时克服爬山法缺乏稳健性的问题。

总的来说，遗传算法是快速找到复杂问题的合理解决方案的一种非常有效的方法。它在搜索大型复杂的搜索空间方面做得非常出色，尤其是在未知的搜索空间中最为有效。这是遗传算法蓬勃发展的主要原因。

1963：心理学与感知机

心理学

自从人们开始寻求理解人类和动物本性以来，心理学作为一门独立的科学学科已经存在了100多年。多年来，心理学是哲学的一个分支，直到19世纪的科学发现才使它成为一个独立的科学研究领域。

在19世纪中叶，一些德国科学家(Johannes P. Muller、Hermann von Helmholtz和Gustav Fechner)首次对感觉和感知进行了系统研究，证明了心理过程可以通过科学的方法进行测量和研究。

1879年，德国生理学家和哲学家威廉·冯特(Wilhelm Wundt)在德国莱比锡大学建立了第一个正式的心理学实验室。冯特的工作将思想分为几个简单的过程，如感知、感觉、情感和联想。这种方法考虑了思维的结构，后来被称为结构主义。

威廉·詹姆斯(William James)是一位精通哲学的美国医生，1875年他开始将心理学作为一门独立的学科，他和他的学生们开始进行系统性实验。与结构主义者相反，詹姆斯认为意识不断流动，不能在不失去其本质的情况下分成更简单的元素。例如，当我们看一个苹果时，我们看到的是一个苹果，而不是一个圆形、红色、有光泽的物体。詹姆斯认为研究意识的结构并不重要，它不能帮助我们在适应周围环境中起重要作用。这种方法被称为功能主义。

1913年，美国心理学家约翰·沃森(John B. Watson)认为，心理过程无法可靠地定位或测量，只有可观察的、可测量的行为才应成为心理学的焦点。这种被称为行为主义的方法认为，所有行为都可以解释为对环境中刺激的反应。行为主义者倾向于关注环境以及它如何塑造行为。例如，一个严格的行为主义者试图理解为什么学生努力学习，可能会说这是因为他能够凭借获得好成绩而获得奖励。行为主义者会认为每个人都有内在动机。

行为主义在美国获得了一席之地，由马克斯·韦特海默、库尔特·科夫卡和沃尔夫冈·科勒创立的格式塔心理学在德国出现。格式塔（德语"整体性"）心理学专注于感知能努力，并且像威廉詹姆斯一样，认为感知和思想不能在不失去其整体性或本质的情况下被分解成更小的部分。他们认为人类能够有效地组织信息，而在感知中，事物的整体性和模式占主导地位。例如，当我们观看电影时，会感知运动中的人和事物，但我们更会看到电影的真实含义，即以恒定速率显示的个人静态图片。"整体大于其各部分的总和"阐释的正是这一重要概念。

西格蒙德·弗洛伊德是一位奥地利医生，他的职业生涯始于19世纪90年代，并创造了精神分析法，这既是一种人格理论，也是一种治疗心理问题的方法。他在心理学领域最有影响力的贡献是他构建了潜意识的概念。对弗洛伊德来说，我们的行为在很大程度上取决于我们所不知道的想法、愿望和记忆。痛苦的童年记忆被推离意识，成为潜意识的一部分，从而可以极大地影响一个人的行为。精神分析作为一种治疗方法，努力将这些记忆带入意识，并使个人摆脱潜意识产生的负面影响。

认知心理学关注人们如何感知、存储和解释信息、感知、推理和解决问题等过程。与行为主义者不同，认知心理学家认为有必要研究内部心理过程以理解行为。认知心理学具有极大的影响力，许多当代研究本质上都是认知的。

机器感知

人们花了很长的时间思考"感知"是什么。形式上讲，感知能力是凌驾

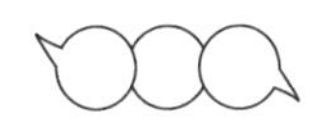

于简单输入的决策能力。那么，一个更重要的问题是，机器是否能够产生感知能力呢？也就是说，机器能否通过感受外部输入产生自己的感受呢？这个问题一直萦绕在人们的心头。如果机器能够自己学习如何感受外部输入，而不依赖于人类的解释，那么机器也可以被称为具有“感知”能力。机器获得感知能力将是一个突破性的改变。这在当时，也就是1957年以前，人们还难以想象。

美国的心理学家弗兰克·罗森布拉特（Frank Rosenblatt）一直醉心于这个问题，他希望设计一个具有学习能力的系统，模拟人类的感知能力。终于，在1957年，他发表了一篇重要论文《感知机》。该论文首次提出了一种可以学习的模型，可以根据不同的输入自动调整模型，使得模型能够获得抽象的知识。该模型模拟了人脑的运作方式，本质上是一个单层的线性神经网络。罗森布拉特为这个模型设计了一个特定的学习算法，该算法类似于赫布学习规则，并且更加通用。他证明，只要给定足够多的数据，他的学习算法可以让“感知机”学习到任何能够表示的东西，这在当时是一个突破性的进展。他首次证明了机器通过一些简单的学习规则，可以学习到具体的知识。当时，这个模型引起了巨大的轰动，甚至可以说激起了第一次人工智能的浪潮（图27）。

具体而言，该模型是一个简单的二类线性判别模型。给定若干个不同的特征，该模型输出一个二值的类别。每个特征对应一个权值，通过线性组合这些特征得到一个实数值，如果该实数值大于0，则输出+1，如果小于0，则输出−1。在未训练之前，权值是随机设定的，所以无法做出

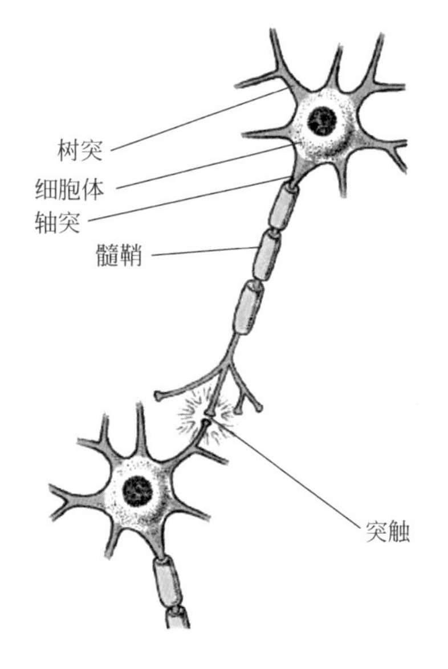

图27　感知机模型是神经元模型的简化形式

正确的判断,其输出值完全是随机而且无序的。但是罗森布拉特为这个模型设计的学习规则能够通过学习正确样本,不断调整模型中权值,使得模型能够做出正确的判断。该学习规则非常简单。他断言,只要给定足够多的样本,模型能够学习任何能够学习的模式。

感知机是一个非常重要的模型,它首次向人们证明了机器也可以具有学习能力。通过简单的学习规则,机器能够产生“感知”的能力。感知机的出现为后续出现的机器学习提供了一套典型范式,同时也是联结主义的一次重大胜利,为神经网络甚至是深度神经网络的兴起做出了重要贡献。

然而,感知机在产生之初仅能解决线性分类问题。这个缺陷被明斯基发现,他证明感知机无法解决非常简单的异或问题。后来,人们对感知机的研究也陷入沉寂。联结主义人工智能研究进入了一个长达十年的寒冬。我们在后面将会进一步进行详细介绍。

1964：计算机程序“STUDENT”解应用题

自然语言处理是计算机科学领域与人工智能领域中的一个重要方向。它研究如何处理自然语言，实现人与计算机之间利用自然语言进行有效通信的理论和方法。在这方面最早的一个研究案例是 1964 年纽约大学研究员丹尼尔·博布罗(Daniel Bobrow)设计的计算机程序“STUDENT”，它可以解决高中程度的代数应用题(图 28)。

图 28　学生求解高中代数应用题

这个被称为“STUDENT”的计算机程序，就像一个学生一样，接收自然语言文本作为输入，并分析文本的意义，解决文本中提出的问题。虽然它仅仅局限于简单的英文文本输入，但开创了利用计算机程序解决代数应用题的先河。

让机器理解纯英文文本本身就是一件很困难的事情，人类使用符号和语言的能力是人类智能的基本因素，如果我们能够使计算机理解一种自然语言，这必将使得人工智能向前迈进一大步。基于这样的理想，“STUDENT”的发明人丹尼尔·博布罗致力于开发一个能理解一种人类语言，进而解决简单问题的系统。他将“机器理解人类的自然语言”定义为：机器如果能够接收某一种语言的纯文本输入，或者是这种语言的一个简单子集，并根据这个文本输入提供的信息做出正确的回答，我们就称这样的机器能够理解人类的自然语言。当然，他还希望机器能够从多文本中排除干扰，从不明确的信息找出对回答问题有用的信息，并且要求回答与输入使用的是同一种语言，以减少人与机器交流时的障碍，他的系统就是完全基于简单的英文文本的。

让机器理解自然语言首先的一个问题是如何让机器存储这些文本信息，将所有的文本信息进行无损地存储是问答程序的一大负担。此外，系统还需要找出所有与问题意思一致的信息，并根据这些相关信息进行回答，当问题的规模很大时，这个问题尤为突出。针对这个问题，有人提出一种基于索引的存储方式，但是索引的值所表示的含义很难明确地反映文本内部的信息，特别是同一文本包含不同方面的信息时。比如“小红，小明的姐姐正走向卧室”，这句话可能包含两种问题的信息，“小红和小明的关系”和“小红在干什么”，很显然，这种文本的信息用一种索引来存储是不够的。针对这个问题，有研究学者提出基于观点的信息存储机制，但这种机制与要解决的问题——高中代数应用题并不相符，所以博布罗最后采用了一种称为“关系模型”的存储结构来表示和存储文本信息。

关系模型的定义分为三个方面：一些对象、这些对象之间的关系以及对某些特定关系的一种明确的语言表示。这种方式对于存在因果、递进等关系的问题比较适用，也就很自然地被引入高中代数应用题这类特殊的问题中。在这类问题中，对象是一系列被称为变量的待计算的数字，关系是一系列的算术操作，包括加减乘除等，关系表示是满足各种条件的等式。通过这样的表示，一个比较复杂的应用题就拥有了一个层次分明、关系明确的表

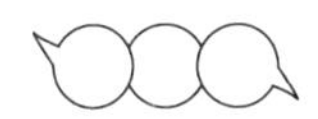

示。在“STUDENT”的关系模型中，一系列的代数等式用来表示英文文本输入中的算术关系，比如 A+B 被转换为(PLUS A B)。其他的一些表示转换如图 29 所示。

操作	代数等式	关系模型表示
等式	A=B	(EQUAL A B)
加法	A+B	(PLUS A B)
负数	−A	(棋手 BUS A)
减法	A−B	(PLUS A (棋手 BUS B))
乘法	A * B	(TIMES A B)
除法	A/B	(QUOTIENT A B)
乘方		(EXPT A B)

图 29　关系模型表示代数关系图

在获得英文文本输入的关系表示之后，“STUDENT”系统需要掌握记住并使用知识的能力，博布罗采用一个称为“REMEMBER”的程序赋予“STUDENT”系统记住全局信息的技能。此外，这个组件还被用来记住一些常识性的知识，比如 12 英寸等于 1 英尺，twice 一般都是表示乘以 2 等。

纯文本输入的主要内容是单词或者短语，这部分输入能提供应用题的背景和数值信息，在转化时主要可以分为三类：第一类称为变量，完全不同的单词或者短语一般对应完全不同的变量，它们是理解题意的关键；第二类称为替代品，这一类是在解题时如果原来的表示无法进行解答，则需要对某些对象进行替换，如果将 twice 替换为乘以 2；第三类是关系，也就是前面代数关系图中的操作，这一类信息表示各个对象的逻辑关系，是正确解题的关键(图 30)。

在实际解决代数应用题时，“STUDENT”系统首先将英文文本输入转换为关系模型的表示，存储一系列回答需要的信息、一系列可能的单位(美元、镑)以及所有的变量。系统调用“SOLVE”模块，利用这些信息解题，一旦找

图 30 “STUDENT”在求解代数应用题时的转化思考

到一个解，系统会打印出最终解的值。回答的模式也是固定好的，系统会用最终的答案替换掉“(variable is value)”中的 variable 和 value。如果没有找到答案，系统会逐个遍历所有可能的替换品表示，直到最终找到一个可能的解或者系统报告求解失败。

处理复杂的逻辑一直是计算机的短板，人类一直致力于寻找计算机解决这类问题的突破点，代数应用题就是一个许多研究学者都在寻求解决方案的研究方向。1964 年提出的“STUDENT”系统是这个问题上的第一次尝试，虽然这个系统知识用来解决特定的简单问题，但是它开创了计算机自动求解代数应用题的先河，其使用的方法在今天也有很大的借鉴意义。让人工智能理解人类符号、语言、逻辑，并辅助甚至独立解决人类遇到的一些实际问题，是人工智能发展至今，每一代人工智能从业者的梦想。我们希望有朝一日，计算机能真正具备人类智能，在这些需要高级智能的领域发挥作用。

1965：第一个聊天机器人 ELIZA

ELIZA 是由麻省理工学院人工智能实验室的维森鲍姆（Joseph Weizenbaum）教授于 1964 至 1966 年间编写的早期自然语言处理程序。ELIZA 旨在展示人与机器之间沟通的一种简单方法，通过使用“模式匹配”和替代方法模拟对话，使得用户产生了对程序理解的错觉，但实际上 ELIZA 并没有内置上下文理解的框架。ELIZA 的互动指令由最初在 MAD-Slip 中编写的脚本提供，它允许 ELIZA 根据不同脚本的规则和方向处理用户的输入并参与讨论。因此，ELIZA 不仅是世界上最早的聊天机器人之一，也是最早能够尝试进行图灵测试的计算机程序之一。

ELIZA 的作者维森鲍姆教授认为，该程序是一种展示人与机器之间沟通的简单方法，不过，认为计算机程序会产生人类情感的人可能会感到惊讶，这其中甚至包含维森鲍姆教授的秘书。许多学者认为该计划能够对许多人的生活产生积极的影响，特别是那些患有心理问题的人，并且可以帮助那些从事此类患者治疗的医生。虽然 ELIZA 能够进行对话，但是却无法真正地理解交谈。尽管如此，很多 ELIZA 的早期用户依然相信 ELIZA 具有理解对话的能力甚至是智力。

ELIZA 本身检查了关键字的文本，对所述关键字应用值，并将输入转换为输出；ELIZA 运行的脚本确定了关键字，设置了关键字的值，并为输出设置了转换规则。ELIZA 文中最著名的脚本——DOCTOR 模拟了一位心理治疗师，并使用脚本中规定的规则来应答用户输入中的非方向性问题。DOCTOR 脚本旨在提供一个模仿“在最初的精神病学访谈中非定向心理治疗师的反应”和

“展示人与机器之间的浅层沟通”。维森鲍姆教授选择在心理治疗的背景下制作 DOCTOR 脚本，以“回避给予该计划现实世界知识数据库的问题”，因为在罗杰斯疗法情况下，该计划只能反映患者的陈述。DOCTOR 的算法允许一种看似智能的响应，在首次使用该程序时欺骗了许多人。

ELIZA 这个名字源于萧伯纳著名作品《茶花女》中的伊莉莎·杜利特尔这一工人的角色。根据维森鲍姆教授的说法，ELIZA 所具备的通过针对不同用户“逐步改进”的能力与《茶花女》中的伊莉莎·杜利特尔被教导用上流社会的口音交谈极为相似。不过与萧伯纳戏剧中所描述的不同，ELIZA 无法通过互动来学习新的语言模式或新词，要对程序的运行方式进行更改，就必须直接对 ELIZA 的活动脚本进行编辑(图 31)。

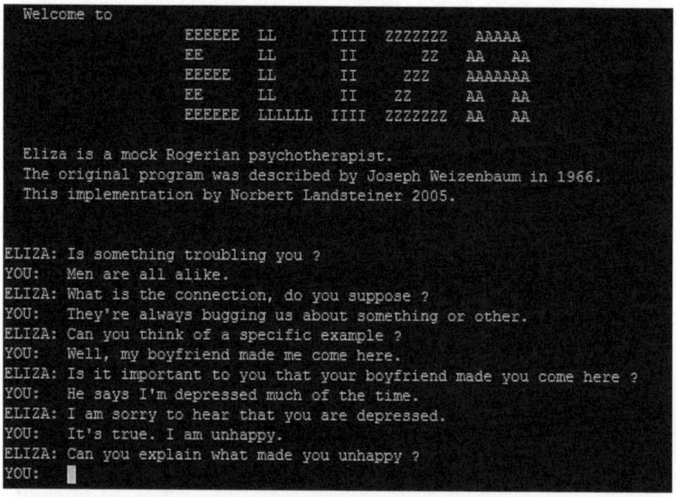

```
  Welcome to
                    EEEEEE  LL      IIII   ZZZZZZZ   AAAAA
                    EE      LL       II       ZZ   AA   AA
                    EEEEE   LL       II     ZZZ    AAAAAAA
                    EE      LL       II    ZZ      AA   AA
                    EEEEEE  LLLLLL  IIII   ZZZZZZZ AA   AA

  Eliza is a mock Rogerian psychotherapist.
  The original program was described by Joseph Weizenbaum in 1966.
  This implementation by Norbert Landsteiner 2005.


ELIZA: Is something troubling you ?
YOU:   Men are all alike.
ELIZA: What is the connection, do you suppose ?
YOU:   They're always bugging us about something or other.
ELIZA: Can you think of a specific example ?
YOU:   Well, my boyfriend made me come here.
ELIZA: Is it important to you that your boyfriend made you come here ?
YOU:   He says I'm depressed much of the time.
ELIZA: I am sorry to hear that you are depressed.
YOU:   It's true. I am unhappy.
ELIZA: Can you explain what made you unhappy ?
YOU:
```

图 31　早期 ELIZA 聊天系统样例

由于用户初始输入条目的不同，部分用户可能会出现 ELIZA 具有人类智慧的错觉，但是通过几轮对话之后，人们还是会意识到 ELIZA 毕竟只是一个计算机程序。尽管如此，ELIZA 的一些回答是如此令人信服，以至于有传闻说一些人对这款程序投入了情感，偶尔会忘记他们正在与计算机交谈。据报道，维森鲍姆教授自己的秘书要求维森鲍姆离开房间，以便她和 ELIZA

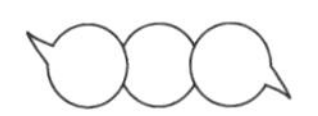

进行真正的对话。维森鲍姆教授对此深感惊讶，后来写道："我没有意识到……一个相对简单的计算机程序，仅仅展露了一点能力，但却可能会导致正常的人产生妄想思维。"

在 ELIZA 诞生的时候，通过传真机完成的交互计算还是新鲜事物，这早于个人计算机的普及 15 年，甚至比大多数人在 Ask. com 或 PC 帮助系统（如 Microsoft Office Clippit）等互联网服务中使用到的自然语言处理的尝试还要早 30 年。因此 ELIZA 是一个里程碑，这是程序员第一次尝试这样的人机交互，无论多么简短，它创造了人与机器之间相互作用的错觉。

有趣的是，在 1972 年的 ICCC 大会上，ELIZA 遇到了另一个名为 PARRY 的早期人工智能程序，并且只进行了一次计算机之间的对话。ELIZA 使用了"DOCTOR"脚本来扮演一名医生，而 PARRY 则模拟了一名患有精神分裂症的患者。

维森鲍姆教授最初是使用 MAD-Slip 为 IBM 7094 编写了一个使用计算机进行自然语言对话的程序 ELIZA。为了实现这一目标，维森鲍姆教授确定了 ELIZA 需要克服的五个"基本技术问题"：(1)关键词的识别；(2)最小背景的发现；(3)适当语句转换的选择；(4)语句转换和关键词缺失时适当应对的生成；(5)为 ELIZA 的脚本提供结束对话的条件。维森鲍姆教授在 ELIZA 中解决了这些问题，并使 ELIZA 没有内置语境框架的约束，但这要求 ELIZA 有一个关于如何响应用户输入的指令脚本。

ELIZA 首先检查文本输入的关键字，从而开始响应用户输入的过程。关键字是由 ELIZA 的脚本指定为重要的单词，该脚本为每个关键字分配由程序员设计的优先级编号决定。如果找到这样的单词，则将它们放入"关键词栈"中，最高优先级的关键字位于顶部。然后，操作输入句子并将其转换为与最高优先级的关键字相关联的规则。例如，当 DOCTOR 脚本遇到诸如"alike"或"same"之类的单词时，它将输出与相似性有关的消息，因为这些单词具有高优先级。这也说明了如何在不考虑上下文的情况下使用某些脚本所指示的特定单词，例如切换第一人称代词和第二人称代词，反之亦然。

在第一次检查之后，下一步是应用适当的转换规则，这包括两部分，“分解规则”和“重组规则”，检查输入的语法模式，以便建立响应所需的最小上下文。维森鲍姆教授给出的例子是输入“I are very helpful”（记住“I”是由“you”变换而来的），这被分解为(1) Empty，(2) I，(3) are，(4) very helpful。分解规则将短语分成四个小段，其中包含关键字和句子中的信息。然后，分解规则指定在重构句子时要遵循的特定重组规则。

随后重组规则获取分解规则已创建的输入片段，重新排列它们，并添加脚本中规定的单词以创建回应文本。还是之前的例子，重组规则将片段(4)应用于“What makes you think I am(4)”这句话，最终生成“What makes you think I am very helpful”这样的回答。当然，在实际的脚本中，重组规则给出的输出可能要复杂得多。

除此之外，ELIZA还可以响应几种特殊情况。例如，当ELIZA没有检测到关键词时，一个解决方案是让ELIZA回复一个缺少实质内容的评论，如“我知道了”或“请继续”；也可以使用“记忆”结构，记录先前的最近输入，当遇到没有关键字时，使用这些输入来创建引用先前对话其中一部分的响应。

ELIZA对流行文化也有着深远的影响。在当时甚至产生了ELIZA效应(ELIZA effect)，也就是无意识地假设计算机行为的倾向类似于人类行为，即拟人化。

通过展示一些不同寻常的交互设计，ELIZA也影响了相当一部分游戏制作人和早期计算机游戏的开发设计。邓·达格罗在编写后来成为经典的计算机角色扮演类游戏《龙与地下城》之前，于1973年在DEC PDP-10迷你计算机上编写了一个名为ECALA的加强版ELIZA。2011年发售的赛博朋克电子游戏《杀出重围：人类革命》中，一个名为Eliza Cassan的人工智能新闻主播就致敬了世界上最早的聊天机器人ELIZA。ELIZA也多次在与人工智能相关的电影和剧集（如*Young Sheldon*和*Zoe*）中出现或被提及。

1966：语义网络

语义网络(Semantic network)最初是由剑桥大学语言研究中心的理查德·里奇(Richard H. Richens)发明的，被作为自然语言的机器翻译的“中间语言”。

语义网络是一种知识表示的形式，用于表示一个网络中各个内容之间的语义关系。它是一个有向图或者无向图，其中的节点代表内容，边代表内容之间的语义关系，用于映射或连接语义区域(图 32)。

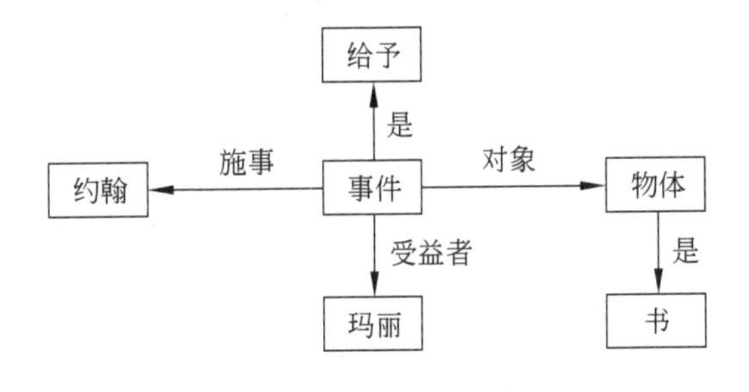

图 32　语义网络示例

之后，语义网络作为森泰克斯项目(SYNTHEX)的一部分，被众多研究者进行了独立的改进，有罗伯特·西蒙斯(Robert F. Simmons)、谢尔顿·克莱恩(Sheldon Klein)、凯瑞·莫凯诺罗格(Karen McConologue)、罗斯·奎利安(M. Ross Quillian)，以及 20 世纪 60 时代早期的系统开发公司。它后来在阿兰·科林斯(Allan M. Collins)和奎利安(Quillian)的工作中占据着突出的地位。

在 20 世纪 80 年代后期，荷兰的(格罗宁根大学和特温特大学)两所大学联合开展了一项名为“知识图”的项目，这是一个语义网络，但是加入了边的限制条件，限制边所表示的关系必须来自于一组有限的关系集合，以此来促进在图上的代数计算。在随后的几十年中，语义网络和知识图谱之间的区别变得模糊。在 2012 年，谷歌公司(Google)正式将知识图谱理论命名为“知识图(Knowledge Graph)”。

语义连接网络被系统地研究，用来提出一种社会语义网络的方法。其理论和模型于 2004 年发表。这个研究的方向可以追溯到 1998 年对于继承规则的定义，以及主动文本框架 ADF。自 2003 年以来，对于语义连接网络的研究已经发展到了社会语义网络的层面，这项工作是万维网和社交网络全球化时代的系统性创新，不仅仅是语义网络的一种应用和简单的拓展工作。它的目的和应用范围已经不同于语义网络，隐式连接的推理和演化以及自动发现的规则在语义连接网络中起着重要的作用。在最近的研究中，它被开发用于支持“网络-网理-社会”智能。自组织的语义连接网络与多维类别空间集成，形成语义空间，支持具有多维抽象和自组织语义连接的高级应用程序，已经有相关的研究验证了语义连接网络通过文本摘要应用程序在语言理解和表示方面发挥了重要的作用。

此外，还有为了特定的用途而创建的更具有专业化的网络形式。例如，2008 年，范奥斯·本德克(Fawsy Bendeck)的博士论文将语义相似性网络(SSN)进行了更为正式化的定义和描述，其中包含专门的关系和传播算法，以简化语义相似性的表示和计算过程。

语义网络的一个实例是词网络(WordNet)，这是一个英语词汇数据库。它将英语单词分组为同义集(synsets)，记录这些同义词集合之间的各种语义关系，并为这些内容提供简短的一般定义形式。词网络的属性是从网络理论的角度进行研究的，并且与罗格特(Roget)的同义词库还有单词关联任务而产生的其他语义网络进行了对比。从这个角度看，它们三个其实构成了一个小的世界网络。

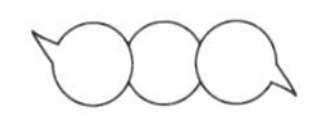

也可以使用语义网络来表示逻辑描述，例如查理斯·桑德尔斯·皮尔斯(Charles Sanders Peirce)的存在图或强恩·索瓦(John F. Sowa)的相关概念图。它们具有等于或超过标准一阶谓词逻辑的表达能力。与词网络或其他词汇与浏览网络不同，使用这些表示的语义网络可用于可靠的自动逻辑推理。一些自动化的推理者(reasoners)模块在处理过程中利用网络的图论理论特征。

语义网络的其他示例是格莱仕(Gellish)模型。带有格莱仕英语词典的格莱仕英文(Gellish English)是一种形式语言，被定义为描述概念和概念名称之间关系的网络。格莱仕网络可以在格莱仕数据库(Gellish Database)中记录，并且是计算机可解释的。

西克瑞驰数据库(SciCrunch Database)是一个经过协作编辑的科学资源知识库。它为软件、实验室工具等提供明确的标识符(Research Resource IDentifiers 或 RRID)，还提供了在 RRID 和社区之间创建链接的选项。

基于类别理论的语义网络的另一个例子是本体日志(ontology logs，简称 ologs)。这里每个类型都是一个对象，代表一组事物，每个箭头都是一个态射，代表一个函数。交换图也被规定为约束语义。

在社会科学中，人们有时使用术语"语义网络"来指代"共现网络"。其基本思想是以文本为单位共同出现的单词，例如一个句子，在语义上彼此相关。然后可以使用基于共现的联系来构建语义网络。

还有精细类型的语义网络与用于词汇知识工程的相应软件工具集链接，如斯图尔特·夏皮尔诺(Stuart C. Shapiro)的语义网络处理系统(SNePS)或赫尔曼·赫奥比格(Hermann Helbig)的多体网络(MultiNet)范例，适用于自然语言表达的语义表示，并在几个 NLP 应用程序中使用。

语义网络用于专门的信息检索任务，例如抄袭检测。它们提供有关层次关系的信息，以便采用语义压缩来减少语言多样性，并使系统能够独立于所使用的单词集来匹配单词含义。谷歌公司在 2012 年提出的知识图实际上是语义网络在搜索引擎中的应用。

通过嵌入形式对低维空间中的语义网络等多关系数据建模有利于表达实体关系以及从文本等媒介中提取关系。有许多方法可以学习这些嵌入，特别是使用贝叶斯聚类框架或基于能量的框架，最近还有翻译机E算法(TransE,NIPS 2013)。嵌入知识库数据的应用包括社交网络分析和关系提取。

1968：第一个专家系统 DENDRAL

专家系统是一个具有特定专业领域经验与知识的系统，它通过收集该领域若干专家所提供的知识，借用人工智能的技术模拟人类专家来进行推断，最终达到能代替领域专家解决专业问题的目的。总结而言，专家系统就是模拟人类专家解决特定专业领域问题的程序系统。

20 世纪 60 年代初，人工智能研究者开始从棋类游戏和计算逻辑的领域中跳出来，转向研究一般的方法来对知识进行表达和搜索，并且在此基础上建立专用程序。到了 60 年代中期，越来越多的研究者逐渐意识到知识在智能行为中的重要性，这为专家系统的诞生奠定了思想基础。

1968 年，世上第一个专家系统 DENDRAL 被发明，后来被广泛用于世界各地的大学和工业实验室，它可以根据质谱数据协助化学家推断分子结构。说到 DENDRAL，不得不提费根鲍姆（Feighbaun）教授和他的团队（图 33）。费根鲍姆进入卡内基·梅隆理工学院（卡内基·梅隆的前身）攻读

图 33　费根鲍姆教授

电气工程本科时才 16 岁。大三的一门课“社会科学的数学模型”对他一生的影响非常大，该课程的讲授老师是美国著名的计算机科学家和心理学家赫伯特·西蒙。本科毕业后他留在赫伯特·西蒙任院长的工业管理研究生院攻读博士学位。博士毕业后他来到加州大学伯克利分校的工商管理学院任教。1964 年费根鲍姆响应麦卡锡的号召，离开伯克利，到不远处的斯坦福大学协助麦卡锡。同年，费根鲍姆在斯坦福大学高等行为科学研究中心的一次会议上见到了遗传学系主任、诺贝尔奖得主莱德伯格（Joshua Lederberg），两人共同抱有对科学和哲学两个学科的爱好，在此契机下他们建立了长期而有效的合作关系。当时莱德伯格的研究方向是太空生命探测，具体而言就是使用质谱仪来分析从火星上采集来的数据，判断火星上是否可能存在生命，费根鲍姆的研究方向则是机器归纳法，也就是现在所说的机器学习。在这个跨学科的合作中，莱德伯格的影响力和领导力起了核心作用，以费根鲍姆为首的计算机团队的任务则是负责把莱德伯格的思路算法化。不过，费根鲍姆很快就发现莱德伯格对化学并没有那么了解，于是他们找到同校的化学家同时也是口服避孕药和感冒药的发明人翟若适（Carl Djerassi）帮忙。加上了翟若适的帮忙，第一个专家系统 DENDRAL 终于被成功地开发出来。

DENDRAL 系统按功能可大致划分为三个部分。

(1) 规划：利用质谱数据和化学家的经验知识，针对分子结构产生一些约束条件。

(2) 生成结构图：利用莱德伯格的算法来求解备选的分子结构方案，在这个过程中会根据第一部分所生成的约束条件来提高算法的求解效率，减少无意义的计算量，最后可以给出一个或几个可能的结构。

(3) 利用化学家对质谱数据的知识，对第(2)部分得到的结果进行检测、排序，给出最后的分子结构图。

DENDRAL 系统成功验证了费根鲍姆关于知识工程的理论，这是专家

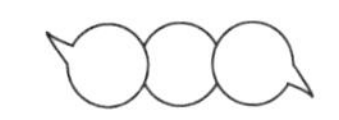

系统的里程碑事件，也是人工智能领域的一个历史性突破。从此以后，专家系统软件应用蓬勃发展，逐渐形成了一个适用于各个学科并且具有相当规模的市场。在美国有关部门的协助下，费根鲍姆小组随后研制了一系列实用的专家系统，包括医学、工程、国防等部门，尤其是在医学领域上取得了杰出的成果，后面的章节中还会有更详细的介绍。

1969：联结主义的寒冬

前面曾经提到，感知机是个单层线性神经网络。它无法有效解决非线性问题，例如异或问题。尽管人们对原始神经元进行了许多改变，但是感知器的能力仍非常局限。然而，不幸的是，罗森布拉特过分热衷于感知器并且做出了非常不合时宜的宣传：

> "给定一个基本的感知器，让它处于一个世界模型 W 中，让 W 中的所有刺激以任何顺序发生（前提是每个刺激必须在有限的时间内重现），然后从一个开始任意初始状态，感知机程序总会在有限时间内产生感知能力……"

其实真正让罗森布拉特兴奋的是联结主义所引申的概念：这种计算简单的单元所组成的神经网络可以不断扩展并解决人工智能的根本问题。以至于，罗森布拉特无法抑制自己心中的热情，他曾在纽约时报这样说道：

> "我们今天发现了一台电子计算机的胚胎，它能够走路、说话、写、复制自己甚至意识到它的存在……感知机可能作为机械太空探险家向行星进军。"

这种言论无疑让人工智能中的其他研究人员感到厌烦，当时他们中的许多人都专注于基于操纵符号的方法，这些方法遵循逻辑严谨的数学定律。麻省理工学院人工智能实验室的创始人马文·明斯基和当时实验室主任帕尔特是对这种炒作持反对态度的研究人员，并于 1969 年发表了他们的质疑。明斯基与帕尔特共同撰写了一部著作《感知机》。在该书中，他们攻击了感

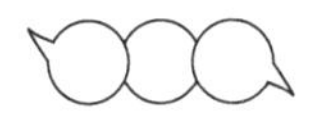

知器的局限性。他们表明感知器只能解决线性可分离函数，并特别指出感知器仍然无法有效解决非常简单的异或问题。同样，明斯基和帕尔特表示，由于这些局限性，对感知器进行的研究是注定要失败的。尽管这里的历史含糊不清，但人们普遍认为这部著作导致了第一个人工智能寒冬。感知机是当时最有影响力的一个工作，并且由于之前大量的过分宣传炒作，让大家对感知机产生了不切实际的幻想。但是明斯基他们的这本书彻底浇灭人们的热情，它"彻底"否定了感知机研究的必要性。之后的十多年时间，大量倾注在人工智能研究的资金和项目被冻结，联结主义的研究进入寒冬。

毫无疑问，明斯基和帕尔特的著作在十多年里阻碍了人们对神经网络研究的资助。该书试图说明神经网络的能力是有限的并且存在致命缺陷。有争议的是明斯基和帕尔特是否有意识地加深和传播了这一信念。

在人工神经网络研究复兴之后，明斯基和帕尔特声称（尤其是后者）他们当初并没有打算将对感知机的研究中所得到的结论进行如此广泛的解释，以至于彻底否定了神经网络的发展。但是明斯基和帕尔特在《感知机》出版后的那段时间内对他们的同事说了些什么呢？我们找到了一份书面记录——《1 月 1 日的人工智能备忘录报告》。从该报告的第 31 页开始，有一个非常简短的概述。明斯基和帕尔特将感知机算法定义为：首先根据输入做一些简单的计算，然后将计算后的数值传递给一个阈值函数以得到输出的模型。在第 32 页，他们描述了一个含有隐藏层的感知机模型，然后明斯基和帕佩尔说："事实上，我们对这种感知机的计算能力一无所知。即使包含更多的隐藏层，我们相信它也只能做一个低阶感知模型（这大致意味着虽然它们可以处理简单的非线性关系，但它们无法有效地处理关系之间的关系）。而且我们无法在数学上理解。"总而言之，明斯基和帕尔特虽然无法证明多层前馈神经网的局限性，但却很主观地认为感知机的能力有限。

后来人们回顾这一事件时提到，明斯基的著作最为人所知的是（1）我们需要使用多层感知机；（2）地球上没有人能找到可行的训练方法足以学习这些简单的功能。明斯基的书使全世界的大多数人相信神经网络是一个名副其实的死胡同。这种压制早期“感知器”人工智能研究的悲观情绪其实也不应该归咎于明斯基。明斯基只是总结了数百名真诚的研究人员的经验，他们试图找到训练多层感知机的好方法，但无济于事。当时有一些希望，比如罗森布拉特称之为“反向传播”的算法（与我们现在所说的反向传播完全不同）作为训练神经网络的一种方式。但当时的悲观情绪弥漫。在 20 世纪 70 年代早期，研究员威德罗在麻省理工学院访问了明斯基，并提议做一份联合文件，证明多层感知机实际上可以克服早期的问题……但明斯基对此并不感兴趣。事实上，麻省理工学院、哈佛大学或任何地方当时都没有人感兴趣。

另一方面，《感知机》的出版并不是 20 世纪 60 年代末和 70 年代早期网络研究衰落的唯一因素。非神经网络方法取得的一些显著的研究成果也促使人们远离联结主义的研究。诸如博布罗（1969）的 STUDENT 程序、伊凡（1969）的类比程序和奎利恩（1969）语义记忆程序等系统都展现出了出色的能力。这些系统不受网络模型的限制。而且，这些系统似乎在仿效人类认知方面表现出相当大的潜力。例如，博布罗的 STUDENT 系统旨在解决代数问题。程序能够接收英语（限制子集）中的输入并得到正确结果。该系统的这一特性使明斯基声称“STUDENT 系统能够理解英语”。虽然现在这被认为是极具误导性的（例如，见 Dreyfus'1993：pp. 130-145 对上述所有系统的批评），但在当时这却是一个相当令人印象深刻的说法，而且得到了博布罗的强烈支持。相比之下，神经网络的相关研究似乎没有什么令人印象深刻的进展。鉴于明斯基和帕尔特的不利结论以及非基于神经网络的方法的成果显著，对神经网络系统的研究进入衰落并不奇怪。

20 世纪 70 年代关于联结主义的研究近乎终止。几乎所有在人工智能方面完成的研究都集中在专家系统上。但这并不意味着当时没有人进行神经网络相关的研究。一些科学家，特别是安德森（1972）、科荷伦（1972）和格

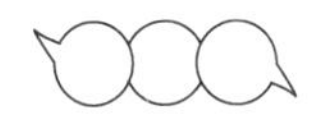

罗斯伯格(1976)，仍然继续着联结主义方法的研究，但是这些人毕竟属于极少数。

后来人们才意识到明斯基当时的结论是片面的。明斯基在《感知机》一书中的结论建立在简单线性模型的基础上，而不是现在流行的非线性神经网络。所以该书中所做的论断是受限的，不能证明感知机模型的无效性，更不能否定神经网络和联结主义研究。其实，明斯基自己也在该书中做了说明，指出其结论只适用于基本的感知机。但不知道是人们的过分解读还是明斯基的有意为之，感知机模型的研究被理解为毫无前途的。之后，神经网络方面的研究进入沉寂，十多年后，人们才恍然发现神经网络的潜力，联结主义作为一股重要力量又重新出现在大众的视野中，直至达到目前的前所未有的新高度。

1972：微世界

20 世纪 70 年代许多人工智能研究人员开始致力于知识表示和运用的问题。他们的工作一般集中在某些规模较小、结构简单的问题上，这些问题被称为“微世界”(Micro-worlds)。

“微世界”最著名的一个案例是麻省理工学院的特里·威诺格拉德(Terry Winograd)于 1970 年完成的自然语言理解程序 SHRDLU(图 34)。SHRDLU 这个名字来源于 ETAOIN SHRDLU，这是 Linotype 机器上字母键按英文使用频率的降序排列。SHRDLU 模拟了一个充满积木块、金字塔和盒子的世界，以及一个可以操纵这些物体的机器人手臂。在这个程序中，用户可以与程序进行简单的对话来命令其中的机器人手臂移动物品，也可以将不同的几个物品命名为一个集合并查询这些集合的状态。

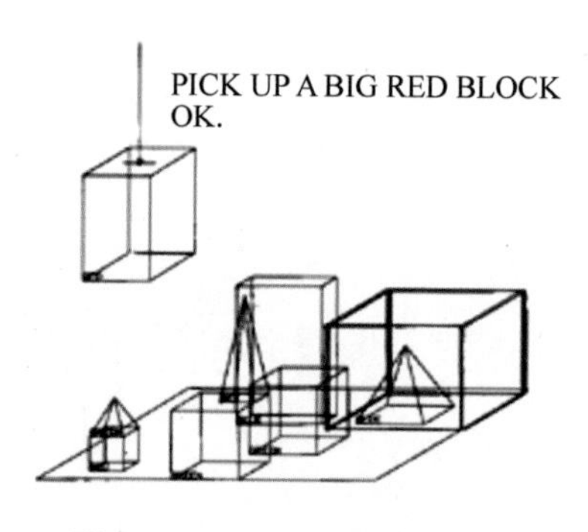

图 34　SHRDLU 系统示意图

SHRDLU 最初是在搭配 DEC 图形终端的 PDP-6 计算机上用 Micro Planner 和 LISP 编程语言编写的。其后的增强版本在犹他大学的计算机图

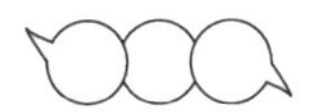

形实验室的帮助下，提供了 SHRDLU“世界”的完整 3D 渲染(图 35)。

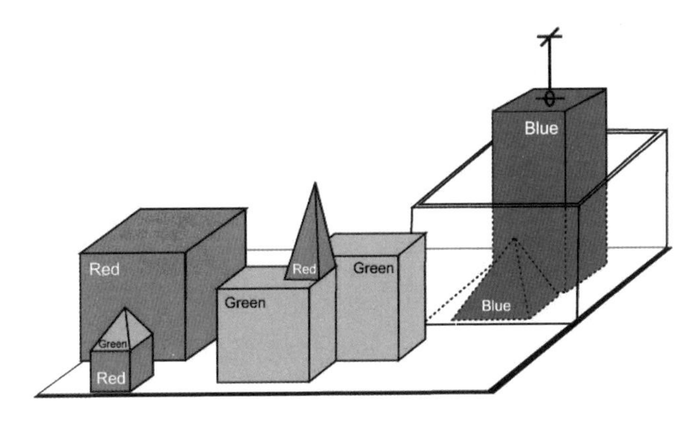

图 35　彩色的 SHRDLU 系统

SHRDLU 的主要组成部分是一个语言解析器，它允许用户使用英语与程序进行交互。用户通过指示，命令 SHRDLU 在包含各种基本对象的“块世界”中移动各种对象，包括块状物、圆锥体、球体等(图 36)。

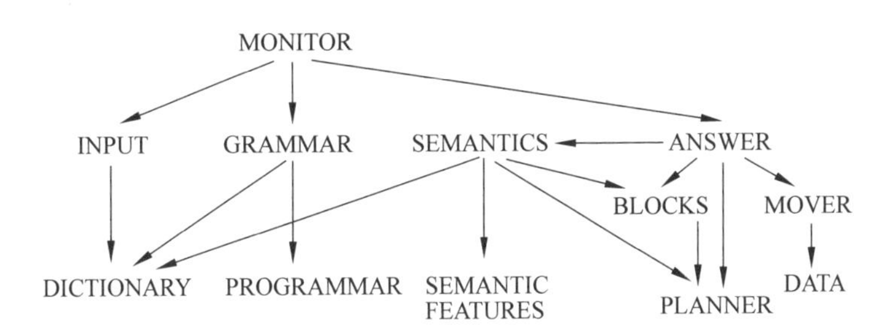

图 36　SHRDLU 的组织结构

让 SHRDLU 与众不同的是四个简单的想法的结合，使得对“理解”的模拟更具说服力。其一是 SHRDLU 的世界非常简单，整个对象和位置可以通过约 50 个单词来描述，名词如“block”和“cone”，动词如“place on”和“move to”，形容词如“big”和“blue” 等。这些基本语言构建的组合非常简单，也使得该程序易于弄清楚用户想表达的意思。其二是 SHRDLU 程序中还包括一个提供上下文的基本内存。这使得用户可以连续地输入指令，如先“put the green cone on the red block”，接着“take the cone off”，那么第二条指令中的“the cone”将被认为是指刚刚谈到的“the green cone”。当提供额外的形容词时，SHRDLU 可以进一步搜索相互作用以找到适当的上下文。人们也可以询问有已进行操作的问题，例如，有人会问“Did you pick up anything before the cone?”。其三是 SHRDLU 的世界包含一定的物理规则，结合其记忆的能力，SHRDLU 可以回答一些在这个“微世界”中是否可能的问题。例如，SHRDLU 会推断出可以通过查找示例来堆叠块状物，但是在尝试之后会意识到无法堆叠三角形。“微世界”中包含的使块翻转的基本物理规则则与语言分析器无关。最后，SHRDLU 还可以记住用户给予对象的名称或它们的排列。例如，人们可以说“A steeple is a small triangle on top of a tall rectangle”，然后，SHRDLU 就可以回答有关 steeple 的问题。

在 SHRDLU 中，高级命令或句子（例如“将红色金字塔置于蓝色块顶部”）被转换为模拟机器人手的命令，该命令只能执行三个基本操作：MOVETO（位置）、GRASP（块）和 UNGRASP（块）。这个转换由一个 SHRDLU 中的规划执行，它调用了一种名为“反向链接（Backward Chaining）”的技术。为了执行上述例子的命令，SHRDLU 必须首先搜索其知识库，找到可能满足的指令。在这种情况下，如果满足以下三个前提条件，它会找到 UNGRASP 指令作为可能的动作：(1)蓝色块顶部没有任何内容，(2)机器人握住红色金字塔，(3)它位于蓝色块的顶部。如果条件满足，机器人执行 UNGRASP 动作。另一方面，假设(1)不是真的，它将寻找其他可能的行动，一直持续到可以执行所有动作都被检查过且动作序列就是实现其初始目标所需的序列。SHRDLU 还保留了其计划的历史，以便稍后如果被问到诸如“你为什么拿起绿色金字塔”这样的问题，SHRDLU 可以回答“只有把蓝色块的顶部清理出来，我才可以把红色金字塔放在它上面。”

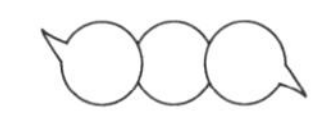

可以说，SHRDLU 在当时是人工智能的一次非常成功的展示。然而 SHRDLU 的大放异彩却导致其他人工智能研究人员过度乐观，当他们如法炮制，试图来处理具有更现实的模糊性和复杂性的情况时便很快遇到了问题。SHRDLU 类型程序的后续工作，例如，Cyc 往往侧重于为程序提供更多能够从中可以进行推断的信息。

尽管缺少通常存在于交互式小说中的独特故事，SHRDLU 因为用户可以通过简单命令交互在虚拟环境中移动对象，仍被认为是第一个已知的交互式小说。而第一部真正意义上被广泛认可的互动小说作品《洞穴探险》(*Colossal Cave Adventure*)直到 1976 年才问世。

1973：第一次人工智能寒冬

20 世纪 70 年代之前的这段时期，大部分的工作其实都是基于一些搜索技术和形式逻辑的演变。但是研究者们很快发现，尽管这些方法在一些小规模的简单问题上可以取得不错的效果，但不能拓展到大规模的实际问题上面。因为随着问题规模的扩大，搜索空间呈指数型的规模上升。虽然 SHRDLU 这样的自然语言界面可以与人类聪明地交谈，但它并不具备处理大规模知识的推理能力，无法解决现实世界纷繁复杂的问题。即便将一个大问题拆解成子问题是可行的，比如在迷宫里寻找出口，我们可以尝试“暴力”探索每条道路，但对于更大规模的与自然语言相关的现实问题，我们根本不可能把所有单词的组合形式都尝试一遍，因为这是个天文数字。

当人工智能研究人员开始认识到这些障碍时，20 世纪 60 年代人们对于人工智能饱满而又乐观的情绪就已经不复存在了。自图灵测试提出以来，人们大大高估了早期人工智能的进步。人工智能的“炒作”效应远远超过了它本身的贡献，研究者们过高的预言和社会过高的期望给人工智能的声誉造成了巨大的伤害。20 世纪 70 年代中期，人工智能行业进入了一个时期，这个时期被称为“人工智能寒冬”(AI Winter)。“寒冬”一词来源于“核冬天”理论(Nuclear Winter)，指的是大量使用核武器会让烟雾蒙上太阳，造成全球气温的骤降、地球的冰冻和生物的灭绝。在这段时期，有关人工智能的商业活动几乎销声匿迹。

乐观的断言与暗淡的成果：

“十年之内，计算机程序将成为国际象棋世界冠军”——纽厄尔(Allen Newell)，1958。

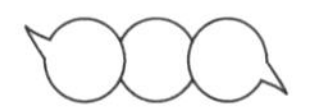

“不出二十年，机器将能代替人类做一切事情。”——西蒙(Herbert Simon)，1965。

“在十年之内，我们将研制出具有常人智慧的计算机器，它能读懂文学作品，可以给车加油，它能取悦人类，它的智力无与伦比”——明斯基(Marvin Lee Minsky)，1970。

1965年，萨缪尔(Arthur Lee Samuel)的跳棋程序以1∶4不敌当时的世界冠军，无法更进一步；计算机程序在推导了十万步之后依旧无法证明“两个连续函数之和仍然是连续函数”；计算机将“心有余而力不足”。“The spirit was willing, but the flesh was weak.”这一句话翻译成俄语，再翻译回英文竟然是“伏特加是不错，但是肉是臭的。”(“The vodka was good, but the meat was rotten.”)

政府机构对人工智能研究的撤资标志着人工智能寒冬的开始。1973年，英国议会邀请应用数学家洛特里尔爵士(James Lighthill)教授评估英国人工智能研究的状况(图37)。他在报告中称，当前人工智能的研究“完全失败”，没有实现最开始的“宏伟目标”。他总结到，人工智能无法在其他领域做任何事情，“人工智能即使不是骗局也是庸人自扰”，特别是机器人和自然语言处理等知名子领域，他也特别提到了“组合爆炸”以及“难处理”的某些问题，这意味着当时最成功的人工智能算法无法应用到现实世界，它只能解决一些“玩具”场景。

图37　洛特里尔报告(Lighthill Report)现场

这次“人工智能寒冬”并不是偶然，在20世纪60年代到70年代这段人工智能发展的黄金时期，虽然研究者们开发了许多复杂的软件程序以及实体机器人，但它们只能解决非常基础的简单问题，想要迈进到实用的工业级别产品还有非常多的难题无法解决。首要的难题就是计算量的暴涨，虽然一些问题可以用抽象出的少量规则来解决，但随着问题规模的变大，带来的计算量却是惊人的增长，而这在当时根本无法解决。除此之外，当时的计算能力也十分有限。举个例子，模拟人类视觉需要1000MIPS的计算力，这超出了当时最强计算机运算能力的10倍。

自此之后，那些最开始资助人工智能研究的政府和商业机构在这段时间都不约而同地减少了资金支持，直接导致了20世纪70年代人工智能研究的停滞。英国国内的人工智能研究机构甚至一度解散，仅在少数一流大学(爱丁堡大学、艾塞克斯大学等)继续进行。更令人工智能研究人员失望的是，真正阻碍他们的还是技术性的问题。他们的方法在真实世界的问题中完全不起作用，有些问题甚至无法定义清楚。这让一些研究者开始思考基于逻辑形式的框架是否真的是打开人工智能的钥匙。

1973：弗雷迪机器人系统

弗雷迪机器人(Freddy,1969—1971)和弗雷迪机器人二号(Freddy Ⅱ,1973—1976)是机器智能和感知系(后来的人工智能系,现在是爱丁堡大学信息学院的一部分)的实验机器人(图 38)。

图 38　弗雷迪机器人 Freddy

在 20 世纪 70 年代的机器人领域,涉及弗雷迪机器人的相关技术创新在当时处于最前沿的位置。弗雷迪机器人 Freddy 是最早的整合了视觉、操控和智能系统的机器人之一,具有系统的多功能性,并且易于重新训练和重新编程,以使其能够适应新的任务。

移动平面的设想,而不是单纯的重建一个手臂的想法,使得机器人的结构得到了极大的简化。此外,弗雷迪机器人 Freddy 还使用了一种通过在检测到的特征上进行图像匹配,以达到可视性的识别零件的技术。弗雷迪机器人 Freddy 上集成的系统使用了当时非常先进的高级编程集来对手臂的运动模式进行模拟编程,使其能够重复地用于很多新的任务。

20 世纪 70 年代中期人们对当时美国和英国追求“通用机器人”的计划及其成果表现出了很大的争议。1973 年，英国的一档广播电视节目，称为“莱特希尔辩论”(Lighthill Debate)，为英国科学与工程研究资助机构撰写了一份关于爱丁堡大学的唐纳德·米凯厄(Donald Michie)和斯坦福大学的强恩·莫凯尔西(John McCarthy)在英国研究智能体技术的工作的评论报告。来自爱丁堡大学的弗雷迪机器人二号和斯坦福大学的夏克理机器人(Shakey robots)在当时被用于说明是智能机器人系统的最新技术(图 39)。

图 39　在爱丁堡大学研发的弗雷迪机器人二号原型

弗雷迪机器人 Freddy，也称为弗雷迪机器人一号，是弗雷迪机器人系统最早的实验原型，它由一对独立的齿轮驱动的旋转平台构成，具有三个自动度(指的是可以移动的方向)，其他的主要部件有连接到计算机系统的摄像机和凸块传感器。计算机被安装在移动平台上，以便摄像机能够在看到物体后立即识别物体。

弗雷迪机器人二号 Freddy Ⅱ是一个具有五个自由度的可操控装置，它有一副很大的垂直的类似于人的“手”的装置，可以上下移动，还可以围绕着垂直的轴进行旋转，通过在水平轴上的旋转，它能够旋转夹持器中操控的物体。夹

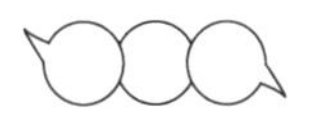

持器下方是可以移动的工作平面，它为机器提供了两个额外的自由度，夹持器是一个两指型的夹钳装置，上面还配置了摄像机和光线感应装置。

弗雷迪机器人 Freddy 和弗雷迪机器人二号 Freddy Ⅱ所在的项目是由唐纳德·米凯厄(Donald Michie)发起并亲自监督进行的。其中的机械硬件和模拟电子设备由史蒂文·塞特尔(Stephen Salter)(可再生能源研究的先驱人物)设计并制造，数字电子和计算机接口部分由哈利·巴罗(Harry Barrow)和格雷甘·克劳福德(Gregan Crawford)设计，软件的部分由罗德·布斯塔尔(Rod Burstall)、罗宾·波普莱斯顿(Robin Popplestone)和哈利·巴罗(Harry Barrow)共同领导的团队开发，当时团队使用的编程语言是 POP-2，这是世界上第一个函数式编程语言之一。上述提到的这些研究者在当时都是机器人研究领域的领军人物。机器人系统中负责计算的硬件部分是一台 Elliot 4130 计算机，具有大小为 384KB(128K，24 位字)的内存(只读存储器，RAM)和一个连接到具有 16KB 内存的小型霍尼韦尔 H316 计算机的硬盘，直接执行传感和控制操作(图 40)。

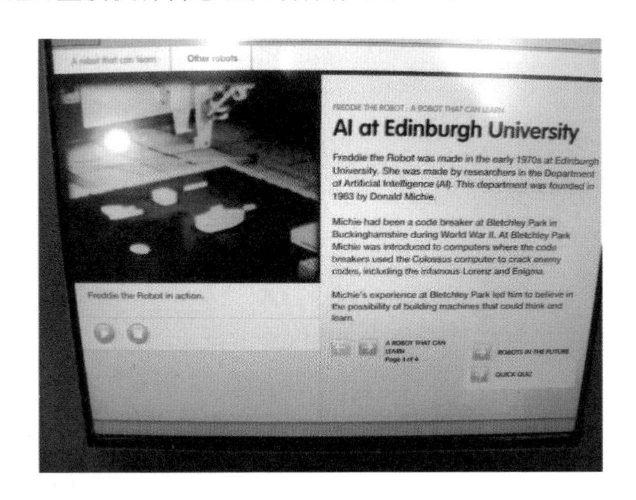

图 40　爱丁堡大学对弗雷迪机器人系统的介绍页面

弗雷迪机器人系统是一个多功能系统，可以训练和重新编程，在一两天内就能够适应一项新任务。它能完成的任务包括：将戒指放在钉子上，组装简单的模型玩具，比如不同形状的木块、带桅杆的船和带车轴和车轮的车。

机器人摄像机获得相关零件的位置信息，然后将其与先前已经被感知记录的零件模型进行匹配。很快，研究者们在弗雷迪机器人项目中意识到"移动到这里，移动到那里"的机器人行为式编程风格（执行器或关节级编程）是十分烦琐的，而且也不能允许机器人应对零件位置的变化，以及不能处理不同的零件形状和传感器噪音等问题。因此，帕特·安布勒（Pat Ambler）和罗宾·波普莱斯顿（Robin Popplestone）开发了RAPT机器人编程语言，在对象级别上对机器人一系列行为进行了定义。自此，机器人的目标不再是简单地执行固定的行为式命令，而是变成了根据机器人、物体和场景之间的期望位置关系来执行的，并保留了如何实现底层软件系统目标的细节。尽管RAPT编程语言是在20世纪70年代开发的，但仍然比大多数商业机器人编程语言更先进。该项目的另一个亮点是使用结构光三维扫描仪来获得被操纵部件的3D形状和位置。

目前，弗雷迪机器人二号Freddy Ⅱ的原型机在苏格兰爱丁堡的皇家博物馆展出，其中有一段由它进行装配的视频连续循环地播放着，向人们展示机器人研究早期的最顶级成果（图41）。

图41　在苏格兰爱丁堡皇家博物馆内保存的弗雷迪机器人二号Freddy Ⅱ原型机

1979：提供治疗建议的专家系统 MYCIN

世界上第一个基于规则的专家系统是由费根鲍姆和肖特里弗(Edward Shortliffe)在 20 世纪 70 年代中期开发的医疗诊断程序——专家系统 MYCIN。这个名称来源于抗生素本身，因为许多抗生素后缀为“-mycin”。MYCIN 能够基于规则，根据报告的症状和医学检查结果，尝试诊断患者是否患有血液感染和脑膜炎感染。由于感染的原因通常是未知的，MYCIN 将首先诊断原因，然后开出治疗方案。通常情况下，MYCIN 会询问一系列关于特定病例的问题，然后建议一种或多种疗法来涵盖所有可能的感染原因。必要时 MYCIN 会要求提供有关患者的进一步信息，并建议进行额外的实验室检查，以便做出可能的诊断，然后建议进行治疗。MYCIN 能够解释导致其诊断和推荐的原因。在当时，仅仅依靠大约 500 条规则，MYCIN 系统的诊断结果就能够达到和一些血液病专家的结果一样好，超越了某些非专科医生。

MYCIN 的框架同样来源于由斯坦福大学开发的早期的专家系统 DENDRAL，该系统旨在寻找有机化学领域的新化学成分。

在 MYCIN 诞生的 20 世纪 70 年代，对一些血液感染做出正确的诊断需要进行感染生物的培养物实验，不幸的是，这需要大约 48 个小时，如果医生等到这个完成，他们的病人可能已经死了！因此，医生必须从现有数据中快速猜测可能存在的问题，并使用这些猜测来提供一种“覆盖”治疗——开出的药物应该能处理任何可能存在的问题。MYCIN 的出现一方面是为了探索人类专家如何基于部分信息进行这些虽然粗略但很重要的猜测。另一方面，这在实践中也是一个潜在的重要问题——有很多初级或非专业医生有时必须做出粗略的诊断，如果有专家工具可以帮助他们，那么这可能会给患者提供更多有效的治疗办法。

MYCIN 最初的目标是参加在斯坦福医疗中进行的类似于图灵测试的实验(图 42)。这次实验为了控制评审专家对计算机结论的偏见，采用了单盲评审机制。10 名不同类型脑膜炎患者的病例被提交给 MYCIN 以及 8 名人类医生，这些是斯坦福医学院案例库中真实的、具有代表性的案例。MYCIN 和人类医生都获得了相同的信息。MYCIN 和人类医生的建议以及患者实际接受的治疗记录(包含这些记录中最初的建议)都被打乱后发送给 8 名非斯坦福大学的专家，评审的专家不知道建议是 MYCIN 生成的还是由医生撰写的。每位专家被要求将每项建议评为(1)等同于他们自己的最佳判断，(2)不等同但可接受，或(3)不可接受。就诊断的准确性和治疗的有效性而言，外部专家给了 MYCIN 最高得分。

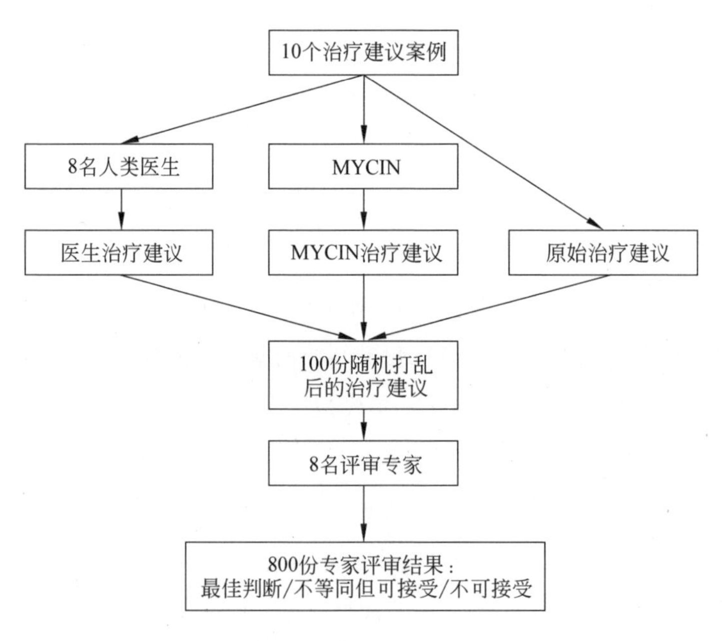

图 42　MYCIN 参与图灵测试的设计

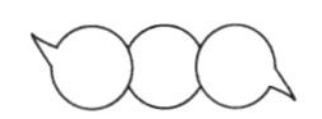

MYCIN 是用 LISP 语言编写的，其规则正式表示为 LISP 表达式，其知识的表示为一组具有确定性因素的 IF-THEN 规则。规则的行动部分可以只是关于正在解决的问题的结论，或者是一个任意的 LISP 表达式。这给程序带来了很大的灵活性，但删除了基于规则系统的一些模块化和清晰度内容，因此必须小心制定 MYCIN 使用的规则。大体来说，MYCIN 是一个目标导向的系统，使用上面描述的基本后向链式推理策略，同时还使用各种启发式方法来控制搜索解决方案（或某些假设的证明）来做出有效的推理，并且防止用户被问到太多不必要的问题。

其他策略与调用规则的方式有关。第一个很简单：给定一个可能的规则，MYCIN 首先检查规则的所有前提，看看是否有任何错误。如果有，那么继续使用该规则就没什么意义了。其他策略更多地涉及确定性因素。MYCIN 将首先查看具有更确定结论的规则，并且一旦所涉及的确定性低于 0.2，将放弃对这条规则的继续搜索。

与 MYCIN 的对话有三个主要阶段。在第一阶段，收集有关案例的初始数据，以便系统能够提出非常广泛的诊断。在第二个阶段，提出更有针对性的问题来测试具体的假设。在第三阶段，给出最终诊断，在这个阶段中，会根据患者的诊断和事实来提问，以确定适当的治疗方案。在任何阶段，用户都可以询问为什么问这些问题或是如何得到结论的，并且在给出推荐治疗方案时，如果对第一次给出的方案不满意，用户可以要求给出替代治疗方案。

MYCIN 虽然开创并引领了很多对专家系统的研究，但也遇到了许多问题，这些问题在后来通过更复杂的架构得到了一定的补救。其中之一是规则经常混淆了领域知识、解决问题的所需知识和“筛选条件”（避免询问用户愚蠢或尴尬问题的条件——例如，在询问酗酒之前检查患者是不是孩子）。后来的一个名为 NEOMYCIN 的改进版本试图通过明确的疾病分类法（将其表示为框架系统）来处理这些问题，以表示不同类型疾病的事实。解决问题的基本策略是建立一棵疾病树，并沿着疾病树，从一般疾病类到非常具体的疾病树，收集信息以区分两种疾病亚类(即，如果疾病 1 具有亚型疾病 2 和亚型疾病 3，并且知道患者具有疾病 1，亚型疾病 2 有症状 1，但亚型疾病 3 没有，然后询问症状 1)。

专家系统对其专业知识的局限性也没有认识或理解。例如，尽管 MYCIN 被告知受到枪伤的患者出血致死，该程序仍将尝试诊断造成患者症状的细菌原因。专家系统还可能依照荒谬的错误诊断信息给出错误的建议，例如，为重量和年龄数据意外填反了的患者规定明显不正确的药物剂量。

事实上，虽然 MYCN 能够通过单盲评审的图灵测试，并取得十分优异的结果，但它从未在实践中被使用过。这并不是因为其表现有任何弱点——在测试中，它的表现优于斯坦福大学医学院的成员。这同样是因为在医学中使用计算机的道德和法律问题——如果它给出错误的诊断，谁应当承担这个责任呢？

MYCIN 真正的贡献在于对专家系统这一领域的贡献。例如，EMYCIN 是第一个从 MYCIN 发展而来的专家系统框架。研究人员在心脏疾病的新领域中使用 EMYCIN 开发了一种名为 PUFF 的新专家系统。前面提到的 NEOMYCIN 是为培训医生而开发的，它将通过各种示例案例，检查他们的结论并解释他们出错的地方。因此可以说，任何对于专家系统的讨论，如果缺少了 MYCIN 都是不完善的，MYCIN 的设计极大地影响了随后的商业专家系统和专家系统框架的设计。

1979：西洋双陆棋程序首次击败世界冠军

西洋双陆棋(backgammon)是一种骰子游戏(图 43)，玩家试图在他的对手之前将他的所有 15 件棋子从他的棋盘末端移出。该棋盘由 24 个“点”或三角形组成，分为四个象限：每个玩家的主盘和外盘。根据玩家在一对骰子上滚动的数字，棋子从一点移动到另一点。如果骰子上的数字不相同，则玩家要么使用每个数字移动某个棋子，要么使用两个数字的总数来移动一个棋子。每个数字都是单独考虑的，因此当玩家使用两个数字移动一个棋子时，他不会进行一次移动而是进行两次单独的移动。如果骰子上滚动的数字相同，则玩家使用该数字四次。一旦玩家将所有 15 个棋子移动到他的主盘上，他就可以根据骰子上的数字开始将它们从棋盘上移开。在西洋双陆棋中，有三种方式可以取得游戏胜利：第一种是在对方正在移除棋子的过程中，将己方全部棋子移除。第二种是在对方还未开始将棋子移除棋盘之前，己方已将所有棋子移除。第三种是如果对方还未开始将棋子移离棋盘，且仍有棋子在分界上或在己方主盘上，而己方已将所有棋子移除。

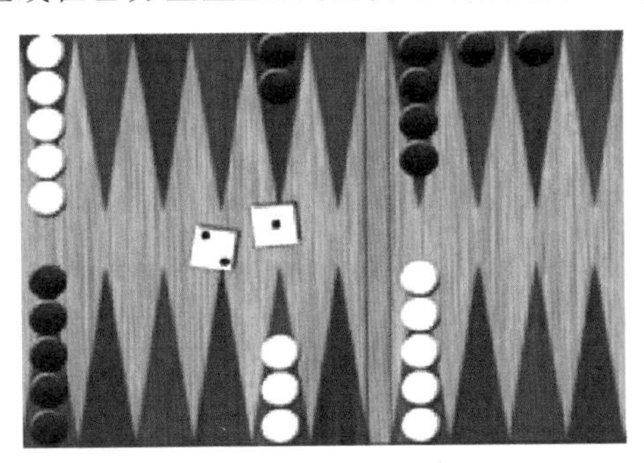

图 43　西洋双陆棋示意图

西洋双陆棋是一场技巧和机会的游戏。在每个玩家的回合中掷骰子引入机会元素。技能来自于选择与实际骰子投掷相关的最佳移动，以及做出与加倍相关的正确决定。加倍是玩家可以采取的一种动作，可以使正在玩游戏的赌注加倍。被加倍的玩家可以选择以当前的赌注放弃游戏，或者以双倍的赌注继续游戏，条件是他只能进行下一次双打。制作、接受或拒绝这样的双打涉及相当多的技能。选择最佳动作也有技巧。在总体理解水平上，最好的举动是能够最大限度地发挥自身目标并阻碍对手的目标，同时阻碍对手，让他不能推出有助于他的动作。

西洋双陆棋的复杂性近似于棋子的复杂性，这两者都可以作为一种爱好或非常严肃地进行。西洋双陆棋的优秀发挥需要应用大量的知识和智慧。西洋双陆棋可能不能通过使用大多数游戏程序的主要思想——前向树搜索来玩。这是因为投掷一对骰子可以产生 21 种不同的结果，并且每个这样的投掷可以在平均位置上以大约 20 种不同的方式进行。因此，对于每一层而言，必须默认大约 400 的分支因子，这对于当时的计算机来说无疑是十分慢的搜索策略。由此看来，西洋双陆棋程序比搜索更需要评估，就像人类玩游戏一样。

20 世纪 70 年代后期，卡内基・梅隆大学的汉斯・伯利纳开发了西洋双陆棋游戏程序 BKG 来寻找该游戏的解决方案。BKG 是一个互动计划，它是用 BLISS 编写的，这是一种系统实现语言，在卡内基・梅隆大学的 PDP-10 上运行 TOPS-10 监视器。BKG 包含超过 80 页的代码，在核心中占用 19K 的 36 位字，在辅助存储上占用 11K 的表。BKG 可以在几种不同的模式下运行。它通常的模式是在视频终端上以交互方式和人类对手比赛。然而，它还可以监控两个对手之间的游戏，同时为两者掷骰子，并进行游戏的记录。它既可以在终端上显示所有动作，也可以仅报告一系列游戏的结果。对于此模拟模式，必须输入起始位置和所需的迭代次数。

伯利纳设计的程序在一定程度上发挥得很好，但也总会出现问题。伯

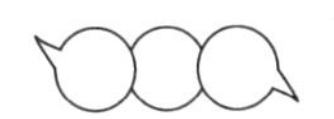

利纳对这个问题进行分析后发现，程序一般是在游戏中情况开始发生变化时犯了错误。比如程序会从一个明显更好的位置转到对结果没有明显贡献的位置，并且程序未能调整其策略。伯利纳运用模糊集理论，允许程序对可能的结果进行估计，经过调整后，他发现这是有效的。1979 年 7 月，重新设计后的程序，名为 BKG 9.8，以 7∶1 的比分赢得了世界西洋双陆棋冠军路易吉·维拉(Luigi Villa)。经此一战，伯利纳的程序成为第一个在棋盘游戏中击败世界冠军的程序。然而，该比赛的胜利并非完全取决于 BKG 9.8 这个程序，伯利纳表示，该程序在比赛中获得了比维拉更好的骰子，这才让它能够以大比分取得胜利。

毫无疑问，这是那个时代在机器与人类竞赛中取得的最重要成果。然而，这次比赛和世界锦标赛并不相匹配。这个程序确实击败了当时的世界冠军，但这只是一场不涉及任何头衔的游戏。此外，在西洋双陆棋中，7 分的比分并不被认为是决定性的胜利。一个好的中等水平的选手在这样一场比赛中战胜世界级选手的概率大概是 1/3，而在一场比赛中拿到 25 分的概率就会大大降低。在比赛的时候，蒙特卡洛的庄家给出的赔率是 3∶2，如果在机器上下注，赔率是 1∶2。因此，博彩公司显然认为这个程序比一个好的中等水平玩家好一点点。在评估 BKG 9.8 的能力时，如果能打更长的系列赛或更短的系列赛，将会更准确，但这需要等待一段时间。

此外，比赛的条件可能从一开始在某种程度上就阻碍了维拉认真对待这个项目。作为此次活动的一个特色，BKG 9.8 被包装在一个玩西洋双陆棋的机器人中。一般来说，在当时玩西洋双陆棋的人都知道市场上已经有了具备游戏能力的微处理器，并且直观地认为该处理器也不会好到哪里去。在比赛前一周参加比赛的记者发现了不同的情况，因为他们使用 BKG 9.8 却输掉了大约 80%的比赛。如果是一个不知情的人，肯定会认为它只是为了参与者的娱乐而存在。然而，有 5000 美元的利害关系，一个世界冠军也应该认真对待这么多钱。还应该指出的是，BKG 9.8 在掷骰子方面比较擅长。

然而,比赛中的骰子是由人类助手掷的,而不是由 BKG 9.8 掷的。

从积极的方面来看,该节目给观众留下了深刻的印象,他们认为这场比赛在很大程度上是一种宣传噱头,但在比赛结束后却意识到该程序确实发挥得非常好。

顶级象棋程序的成功高度依赖于搜索速度,而 BKG 9.8 几乎是瞬间完成的。这是因为它基本上不进行搜索,而是在评估当前情况下的每个选项时进行计算。计算机国际象棋的进步与计算速度密切相关,毫无疑问,如果进行更好的评估,一些进步是可能的。然而,由于在国际象棋搜索中确实需要计算数十万个终端节点,因此计算的效率是首要考虑的因素,由于用于计算的每条额外指令都将被执行数十万次,由此带来的结果便是程序的速度显著降低。在西洋双陆棋中,如果不做搜索,程序的表现是非常不同的。我们所需要的是在程序现在的位置和目前对西洋双陆棋的了解之间架起知识的桥梁。由于程序中已有的函数执行得非常好,因此似乎有可能继续以与目前相同的方式添加新知识。每一个这样的增加应该做一些事情来缩小知识的差距。此外,顶尖的西洋双陆棋选手在正确的走法上存在很大的分歧。计算机模拟在西洋双陆棋中的出现,使人们能够对几乎无法进行分析评估的情况获得相对准确的值。总的来说,与国际象棋、跳棋和围棋等存在大量无可争议的理论的游戏相比,西洋双陆棋的理论仍处于发展的早期阶段。如果有可能为五子棋游戏的各个方面建立强有力的模型,那么该程序在成为真正的世界冠军的过程中,似乎有可能建立新的游戏理论和标准。

在这之后关于西洋双陆棋的程序研究越来越多,其中较为出名的是 1992 年由 IBM 公司提出的计算机西洋双陆棋程序 TD-Gammon,该名字来自这样一个事实:它是一种由时差学习形式(特别是 TD-lambda)训练的人工神经网络。在游戏过程中,TD-Gammon 会检查每个回合所有可能的合法移动和所有可能的反应,将每个结果的棋盘位置输入到它的评估功能中,并选择能让棋盘位置获得最高分数的移动。在这方面,TD-Gammon 与几乎任

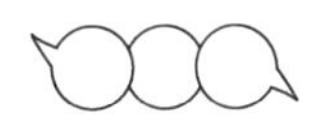

何其他的计算机棋盘游戏程序没有什么不同。TD-Gammon 的创新之处在于它学会了自己的评价功能。TD-Gammon 的学习算法是在每轮后更新神经网络中的权值，以减少其对前一轮的盘位置的评估与对当前轮的盘位置的评估之间的差异，因此称为“时间差学习”。任何棋局位置的得分都是一组由 4 个数字组成的集合，这些数字反映了程序对每个可能的游戏结果的可能性估计。对于游戏的最终棋盘位置，算法是将其与游戏的实际结果进行比较，而不是自己对棋盘位置的评价。TD-Gammon 通过自我游戏（而不是指导）进行专门训练，使它能够探索人类以前没有考虑过或错误排除的策略。它在非常规策略上的成功对双陆棋领域产生了重大影响。锦标赛的选手们开始尝试 TD-Gammon 的策略，并取得了成功。就连双陆棋专家基特·伍尔西（Kit Woolsey）也认为，TD-Gammon 的位置判断，特别是其对安全风险的权衡，优于他自己或其他人。尽管 TD-Gammon 的发挥水平略低于当时顶级人类西洋双陆棋玩家的水平，但是它积极探索人类不去追求和思考的策略，这推动了西洋双陆棋游戏理论的进步。

1981：专家系统成功商业化

专家系统是一个设计用来模拟人类专家决策行为的专业计算机系统，旨在通过知识检索和逻辑推理来解决复杂的问题，其通常表现为“if-then”规则。一个专家系统通常包含两个子系统：知识库和推理引擎。其中，知识库用于保存已有的事实和规则；推理引擎则负责将规则套用于事实并进行逻辑推理，得到新的事实。此外，还可以包括解释和调试的组件。第一批专家系统创建于20世纪70年代，然后在20世纪80年代兴起，是最早真正成功的人工智能软件之一。

1959年，纽维尔(Newell)、萧伯纳(Shaw)和西蒙(Simon)开发了通用问题解决程序GPS(General Problem Solver)，它是对人类思考问题时的大脑活动的总结。他们在研究中发现，当人们在解决问题的时候，思维活动主要包括三个步骤：(1)制订一个粗略的计划；(2)根据对现有公理、定理和对解决问题所制定的计划的记忆，按照计划去解决问题；(3)在具体执行解决问题的方案的过程中，不断分析现有的方法和目的，并重新修订计划。

1965年，根据美国国家航空航天局(NASA)的要求，斯坦福大学成功开发了DENDRAL系统。在前面的章节介绍过，DENDRAL系统可以通过预先输入的经验法则自动生成可以解释频谱数据的模块结构。DENDRAL的成功使得人工智能研究人员意识到：智能行为不仅仅依赖于推理方法，还需要依赖于推理过程中所使用的知识。于是研究人员开始使用规则代码来表示用于解决具体问题的知识，并以此来构建整个专家系统。在此之后，麻省理工学院开发了MACSYMA系统作为数学家的助手，其中使用启发式方法

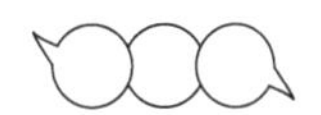

来转换代数表达式。经过不断扩展，它可以解决超过600种数学问题，包括微积分、矩阵运算、求解方程等。1981年，IBM公司推出了第一台带有PC DOS操作系统的IBM PC。第一个用于大规模产品设计能力的专家系统是1982年开发的SID（综合设计综合）软件程序。在LISP中，SID一共生成了93%的VAX 9000 CPU逻辑门。这些系统的成功开发，使得专家系统受到学术界和工业界的广泛关注。许多研究人员在开发专家系统的过程中已经意识到知识表征、知识利用和知识获取是人工智能系统的三个最基本的问题。

在20世纪80年代后期，基于框架的专家系统开始进入人们的视野。由于其在表示描述型对象和行为型对象的信息方面的更高能力，基于框架的专家系统可以处理比基于规则的专家系统更复杂的问题。同时，人们对专家系统的研究遇到了困难，也暴露了人工智能系统的缺陷，如应用领域狭窄、难于进行知识获取、推理机制问题等，研究人员需要从基本观点出发进行新的探索，并且更多地使用新技术和新理论来摆脱困境。随着神经网络和统计学习的兴起，机器学习已成为人工智能研究领域的新热点。人们很自然地联想到，如果将机器学习的技术应用于专家系统，将能够大幅促进专家系统的推理能力。同时，作为另一个新的领域，模糊逻辑推理也被用于了专家系统。直到现在，各式各样的专家系统如雨后春笋般被发布出来，专家系统的研究进入了一个繁荣的新时期。时至今日，人们对专家系统的需求又进一步地增强，更加渴望使用专家系统来解决更复杂的问题。

专家系统的基本结构由以下部分组成：知识库、工作记忆、推理机、解释器和人机交互界面。知识库用于存储专家系统专业知识，包括事实和规则。在构建知识库的过程中，知识库应该由以计算机可以独立完成的方式去获取新知识，并且具有表达和存储新知识的能力。工作记忆模块负责存储用户输入信息。推理机将工作记忆中的用户输入与知识相匹配并获取新的信息，处理期间所获得的中间信息也应被存储在记忆单元中。解释器负责解释推理引擎输出的结果,包括解释结论的正确性和原因。人机交互界面是操作人员与计算机的接口,友好的人机界面让专家系统更加人性化,具有更高的效率。根据工作原理,专家系统可以被分为四类:基于规则的专家系统、基于框架的专家系统、基于模糊逻辑的专家系统和基于神经网络的专家系统。接下来简要介绍这四类专家系统的模型结构。

基于规则的专家系统是最早的专家系统类型,也是研究人员建立专家系统时最常用的方式。这种由生产规则完成的专家系统已被整合到各个研究领域,以帮助研究人员通过预先输入的知识解决各种问题。这种专家系统的结构通常由三部分组成,包括生产式规则、数据库和控制策略。生产式规则是对陈述句的一种"条件+结果"的结构化表示。例如,条件为:"如果物种是恐龙",结果是:"那么这个物种是爬行动物"。如果输入满足语句中的条件,则可以执行对应的结果。数据库负责存储生产规则语句中的条件和结果。在执行生产规则时,系统将从数据库中调用相应的条件语句,并将对应的结果作为其他规则的条件语句重新放入数据库中。控制策略的作用是解释如何应用结果,即在解决问题的过程中选择适当的规则。从选择规则到执行操作的过程通常是:问题包含几个条件,需要从数据库中查找相匹配的条件,然后以此状态查找相应的规则结果。当匹配多个条件时,就需要对策略进行排序以决定首先使用哪个规则。选择规则后,将执行规则的结果。控制策略的操作通常在推理引擎模块中执行,推理引擎的推理过程可以分为正向和反向两种。

基于规则的专家系统具有许多优点。首先,使用"条件-结果"结构来表达知识规则对于人类来说是非常自然的。同时,在基于规则的专家系统中,知识和推理是被分开存储和处理的,这很符合人们的日常习惯。但是,一些缺点也阻碍了这种专家系统的进一步发展。例如,当一个结果与条件匹配时,必须严格按照数据库中的表述去编写语句的表达式,即便由于匹配精度的要求需要删除一些不恰当的表述。此外,与其他类型的专家系统相比,基

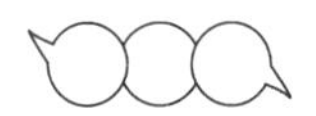

于规则的专家系统的速度并不占优势，因为在使用规则时需要扫描数据库中的整个规则集。

1975年，明斯基提出了一种编码概念相关信息的数据结构，并称这种数据结构为FRAME。这种框架包含概念的名称，主要属性/特征的标签槽，以及每个属性的可能值，或捕获有关概念的流程信息的过程。当遇到概念的特定实例时，实例的相关特征值被输入到框架中，这也被称为实例。该框架通常被用于推理，它包含概念的多方面信息，即使未观察到信息本身也可以使用该信息。例如，我们是否可以看到根？因为在系统中"树"包含"根"的标签，所以我们可以认为树有根。在寻找描述当前实例的框架时，通常会出现无法与状况相匹配的情况，具体的样例将对应于用于匹配候选框架的一些片段。框架通常在帧的大多数结构可以被匹配时使用，因为每个框架包含的信息可以允许属性（特征）的不匹配以增加框架的容错率。此外，我们还可以保存搜索过程的框架，以优化测试的方向，直到找到最合适的框架。

基于框架的专家系统使用存于数据库中的框架来处理输入的特定问题并通过推理引擎输出新的信息。一个框架通常表示一个"类"的概念，框架可以是另一个框架的"子类"，例如框架"man"是"人类"的子集。一些子类和类的关系是语义类型的，例如"我是"和"纽约""新泽西"或"洛杉矶"。子框架继承其父框架的所有属性，从而无须重新输入进程的属性。但是，需要注意一些特殊情况：某些子框架和它们的父框架可能存在共同的属性差异。当一个框架同时是多个框架的子框架时，它会继承所有这些框架的属性。

1965年，美国数学家扎德（L. A. Zadeh）首先提出了模糊集的概念，标志着模糊数学的诞生。模糊性是指客观事物或属性的难以区别的本质，它们之间存在着一系列过渡状态，没有明显的分界线。模糊理论使得人们可以使用数学工具来处理现实世界中的模糊现象。在基于模糊逻辑的专家系统中，模糊逻辑是专家系统推理的基础。这种推理方法以模糊方法为前提，采用模糊语言编写的规则推导出一个模糊近似的判定结论。模糊语言编写的规则包括广义肯定前件(GMP)和广义否定后件(GMT)。GMP规则可表示为：前提条件(1)x为A′;前提条件(2)如果x是A,则y是B;结论：y是B′。GMT规则可以表示为：前提条件(1)y是B;前提条件(2)如果x是A,则y是B;结论：x是A′。其中A、A′、B和B′组成了模糊集,x和y是语言变量。模糊函数A→B被认为是“if-then”语句,形成模糊推理规则。

模糊推理的结果是模糊集,但在实际应用中,还需要一个确定的输出值。模糊决策则是获取表示模糊集的单个值的过程。最简单的方法是最大隶属度方法——取模糊集中所有成员的最大值作为输出。基于模糊逻辑的专家系统的优点是：它可以表达很高级的专家技能,并且具有足够的鲁棒性,还可以进行启发式和假设式推理。但是,这种专家系统的缺点是难以获取新的知识,其推理依赖于模糊知识库,学习能力不强,而且容易出错。

基于神经网络的专家系统与上述其他逻辑系统有着根本性的不同。在神经网络中,知识不再通过手动处理转换为显式的规则,而是由学习算法自动获取并产生其自己的隐式规则。与传统的专家系统相比,神经网络具有更强大的功能：它比传统的串行操作更有效;它具有一定的容错能力;可以改变神经网络连接的权重以调整推理能力等。

神经网络通过学习样本实例自动获取知识：由人类专家提供具体实例和对应的预期解,神经网络学习算法不断修改网络的权重分布,使得训练后的网络能够对一个具体实例提供稳定的输出。由于神经网络的输入和输出都是具体的数值,因此在使用神经网络进行推理时需要对实例进行编码,使其可以被输入网络进行推断。

基于神经网络的专家系统也存在与生俱来的缺点：系统性能受到训练样本集的限制。在样本集选择不当或样本太少的情况下,神经网络的归纳推理能力会变得很差。此外,神经网络难于解释其自身的推理过程和所存储知识的重要性,因为它的模型是基于人类的神经活动而建立的虚拟网络。目前,最常用的神经网络模型包括BP模型、ART、CMAC、SOM、DNN等,

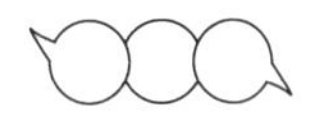

不同的模型可以应用于不同专家系统的特定要求。

经过几十年的努力，人们逐渐形成了基于不同原理的各种专家系统。从基于规则的专家系统到基于神经网络的专家系统，每一代专家系统都有其自身的优势。基于规则和框架的两种专家系统虽然受其自身的技术限制，但由于它们相对容易编码，所以仍然可用于处理相对简单的问题。基于模糊逻辑的专家系统能够反映现实中的模糊现象，模仿人类非精确推理完成工作的过程，在许多领域发挥着非常重要的作用。基于神经网络的专家系统利用神经网络大幅提升了其推理能力，扩大了知识的获取范围，并支持采用大规模并行处理来提高系统的推理性能。当然，如何让神经网络解释自己推理的过程仍然是一个主要的难题，但这并不影响这种专家系统在一些特定领域发光发热。在未来，随着神经网络技术的进一步发展，我们可以期待基于该技术的更强大的专家系统。与此同时，我们也期待基于新技术的专家系统的出现。

1981：自组织映射网络理论

由于马文·明斯基的悲观论调，在其《感知器》一书发表后的近十年间，神经网络的发展陷入了一场寒冬。这一时期，为神经网络提供的研究基金近乎枯竭，没有人愿意将精力或金钱浪费在一项毫无希望的工作上。但神经网络或大脑作为思想、知识的载体，是人工智能研究道路上几乎无法绕过的“神秘宝箱”，它依然吸引着部分科学家探索其中的奥秘。

要重新发挥神经网络的威力，就要建立比罗森布拉特的感知机更加合理的模型。好在脑科学与神经科学的发展，为这方面的研究提供了源源不断的思路。大多数研究者都相信：只要更加了解真实的大脑结构与神经信息处理机制，并模仿它们建立相应的模型，就能够获得更好地模拟生物智能的方法。基于这样的思路和相关的生物学研究，有部分新型的神经网络模型被发明了出来。这一类研究对神经网络、甚至人工智能的发展提供了广泛而深刻的启发。

自组织映射(Self-Organizing Map, SOM)网络正是这类研究中一项早期的代表性工作。芬兰赫尔辛基理工大学的科荷伦教授于1981年提出这一模型，吸引了一大批学者进行相关的理论、拓展及应用的研究，为神经网络领域带来了勃勃生气。由于其提出较早，基于一定的生物原理，以及具有充足的理论与实用价值，SOM也为后续的神经网络发展提供了多方面的启发与借鉴价值，包括著名的霍普菲尔德网络、玻尔兹曼机，以及自适应共振理论(Adaptive Resonance Theory, ART)等都一定程度地受其影响。

神经生物学关于人脑的研究表明，负责处理不同任务的神经元，以有序

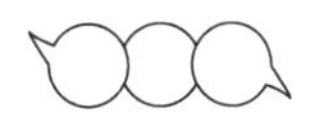

的方式分布到大脑皮层的对应区域中；更细致地，对于不同感知输入（视觉、听觉、触觉等）也分别有不同的神经区域进行处理。神经生物学上，这样的分区被称为布罗德曼分区；而神经网络的研究者称这种信息处理方式为拓扑映射，它将输入空间和用于处理特定输入的神经元联系了起来。详细地说，这反映了大脑结构的几项特点。

- 神经系统输入的信息保存在脑结构的适当区域内。
- 处理相关信息的神经元通过短突触紧密地连接在一起。

在拓扑映射中，我们将输出神经元的空间位置，对应于输入数据的特征，便完成了对输入数据的特征提取。人的大脑在进化中获得了这样的特征，而我们希望人工设计的神经网络也能够具备相似的特点。SOM 正是主要基于这样的思想设计的。

SOM 是一种无监督的学习算法，用于将较高维度的特征输入映射到低维度的离散特征空间。比较特殊的是，自组织网络的自适应依赖于神经元间的竞争：在输出层中，每一时刻只有一个输出神经元被激活，称为获胜神经元（winning neuron）。这唯一的神经元所处位置对应于输入的映射结果。

图 44 显示了 SOM 网络（二维情况下）的基本结构。

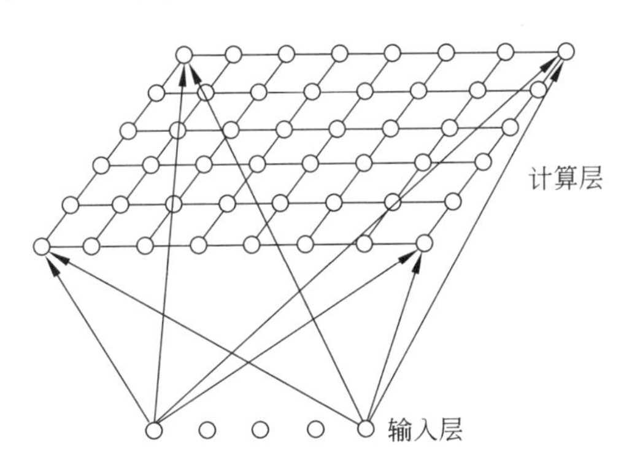

图 **44**　自组织映射网络基本结构

输出层（也称为计算层）是对应于特征空间的一组神经元，它们之间形成网格状连接（也称为侧向连接）的拓扑结构，输入层各节点完全连接到计算层中所有节点。由于计算层与特征空间维度一致,在此网格结构上建立坐标系,可以用被激活的唯一神经元表征输入到特征空间的映射结果。网络的可训练参数为输入层到输出层的连接权值,每个输出层神经元具有来自所有输入的连接,因此对应到输入空间中的一个点。进而输出层各神经元将网格状输出层对应到输入空间中的一个二维流形(平面区域)。读者可以想象三维空间中的一张手帕:手帕上每个点在三维空间中的位置代表了它在输入空间(现实三维空间)的位置,而其在手帕上的坐标代表它在特征空间中的位置。如果希望映射到一维特征空间,那么计算层便是连续相连的一行神经元。

对于训练完成的自组织网络,每个输入选取坐标与其最接近的计算层神经元激活,此神经元的网格位置便标明了映射结果。用神经网络的语言解释,这一过程实际是计算各神经元的激活函数值(这里是输入与神经元参数坐标的距离),SOM的竞争性正体现在只有最小激活函数的神经元被激活,而不是像一般的神经网络那样,分别判断各神经元激活与否。

SOM的自适应过程包括下面四个部分:

(1) 初始化。使用较小的随机权重初始化各连接即可。之后不断重复后面三个步骤直到训练收敛。

(2) 竞争。计算并比较输出层各神经元判别函数值,选取最优判别函数值对应神经元为胜利者。

(3) 合作。获胜神经元决定了神经元兴奋区域,其邻近的神经元也按照拓扑距离产生一定程度的兴奋,从而形成合作。

(4) 自适应。最后兴奋神经元适当调整连接权重,进一步增强在近似输入下的判别函数值。

具体而言,竞争过程用于确定被激活的神经元,与上述训练后的映射结果确定方法一致。这里判别函数是权重对应点与输入的几何距离,可以通过更加合适的距离度量或是利用核方法以适应更复杂的问题。

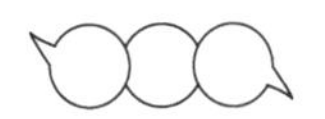

合作产生于输出神经元间的侧向连接：在一个输入下，不仅被激活的唯一神经元对应参数得到训练，它拓扑空间（网格）上相近的节点同样会兴奋（称为拓扑邻域）并得到改进；兴奋程度随着到激活神经元的拓扑距离不断衰减，通常呈指数下降。在SOM算法中，拓扑邻域的大小还同训练时间相关，宽度不断降低，从而支持更局部的细致调整。与一般训练过程相似，训练中加入合适的学习率有助于自适应的稳定进步。在自适应中，各兴奋神经元各自向着输入点靠近即可。

图45形象地表示了SOM的训练过程。

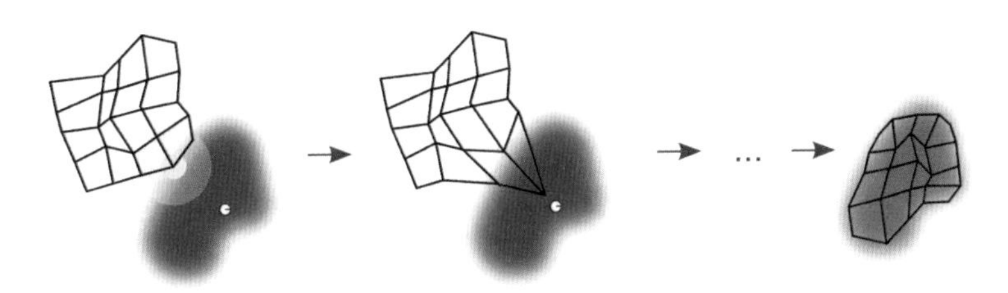

图45　自组织网络训练过程

其中紫色为数据在原始空间中的分布（此处是二维空间）。首先，黄色的神经元被激活，因此它与附近的神经元都会向着输入（白点）移动。通过不断地训练，神经网络的拓扑结构会与数据分布相重合。继续使用上面的比喻，这训练过程类似输入数据点不断地拉扯着手帕上的最近点，而手帕上其他点由于相互联系也被拉向同一点，最终手帕覆盖到数据分布的区域。

从上面的介绍可以看出，自组织网络给出了一种简单却有效的神经网络无监督学习模型，同时也反映出了一些有趣的生物学特性。SOM可以用来对高维数据进行低维离散表示，因此可以进行降维，或是数据压缩。根据学习得到的拓扑映射，我们还可以方便地对高维数据按特征空间进行可视化（类似上图）。SOM同样可以看作主成分分析法（PCA）的一种非线性拓展，用于特征抽取任务中具有许多优点。利用插值、近似等方法构建拓扑映射的连续近似，还可以用于数据生成。

相比于实际应用价值，SOM 更重要的意义在于打破了人工神经网络研究低潮中的悲观氛围。越来越多的研究者重新回到神经网络相关的研究中，为后来的新一轮人工智能研究高潮奠定了基础。类似的基于神经生物学发现的研究方法在后来的神经网络研究中也一脉相传：经典的卷积神经网络和最近的胶囊(Capsule)网络，都有对应的生物学研究基础。

1982：第五代电子计算机系统工程

1946 年第一台电子计算机埃尼阿克（ENIAC）出世以来，电子计算机大体上经历了四代的变化。

• 第一代（1949—1956）

第一代是电子管计算机体系的确立的时代，这时期电子计算机的器件采取真空电子管。提出了程序存储模式，使用二进制代码，考虑采用了自动操作控制模式，发明了索引寄存器，开发了各种存储器，建立程序设计概念和其他计算机技术基础。

• 第二代（1956—1962）

这一代的计算机采用了半导体晶体管，建立并确认了输入输出的控制模式。机器的稳定性提高，各种辅助存储器和磁芯储存器得到了长足的发展。

• 第三代（1962—1970）

第三代计算机引入了集成电路，以操作系统为中心，进行设备系统化研究，小型计算机得到了广泛的使用。

• 第四代（1970—）

第四代开始采用大规模集成电路，集成电路标准化，硬件上没有革命性的发展，主要强调在计算技术的利用和程序设计方面进行改进。特定于某个领域的高级编程语言，如 SQL（用于数据库访问）和 TeX（用于文本格式化）。

直到 20 世纪 90 年代，日本在计算领域基本上都是追随者，建立了跟随美国和英国领先的计算机。在日本国际贸易和工业部（MITI）决定尝试打破这个后续的领先者的模式，并在20世纪70年代中期开始寻找机会。

一切开始于1978年，日本的国际贸易和工业部向计算机科学家元岡達发出委托，想让其开始着手研究下一代计算机系统，即第五代计算机。MITI决定三年之后就开始第五代计算机的建设，他们认为日本已经进入了自动化的时代，可以做到"无人"了，而首创第五代计算机可以帮助日本建立起全球信息产业的领导地位。1981年，也就是MITI计划开始建设第五代计算机的那一年，元岡達为首的委员会提交了一份细致的长达89页的报告，报告的标题就是《知识信息处理系统的挑战：第五代计算机系统初步报告》。该报告指出硬件上已经很难再取得大的突破，应该把目光转到体系结构和软件上面来。元岡達本人在美国也待过不短的时间，可以说他也是吸收了不少先进的思想，加上他对数据流机和数据库机的研究比较深入一些，元岡達在这篇综述型的报告中提出了六种体系架构，它们分别是：

(1) 逻辑程序机。

(2) 函数机。

(3) 关系代数机。

(4) 抽象数据类型机。

(5) 数据流机。

(6) 冯·诺依曼机上的创新。

这几种体系并不是创新的架构，而是早就有学者在做相关的研究，甚至已经有创业公司在进行有关尝试。

1981年第一届第五代计算机会议在日本信息处理开发中心(JIPDEC)召开(图46)，会上出现了知识与逻辑两条发展线路的分歧，并且还出现了新的逻辑程序语言Prolog与更成熟的函数式编程语言LISP的分歧。渊一博在会议上明确表达了对逻辑程序与Prolog

图46　第五代计算机工程

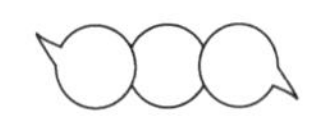

的支持。日本人声称如果一台计算机使用 Prolog 作为其机器语言，其应用程序将达到知识表达的水平，具有听觉、视觉功能，除了这些“输入”之外，其还具备“输出”的能力，可以进行物体识别和产生语音，更令人称奇的是还具有理解能力，能够对文字以及图形进行理解。在人们的想象中，人们无须再用代码指挥计算机去做什么，只需要给它一个指令便能够自动完成剩下的繁复的工作。有人认为这种计算机会引起“第二次计算机革命”。

根据日本的媒体报道，第五代计算机的算力将达到每秒 10 亿次，同时包含各种语言的 10 000 个基本符号和 20 000 条语法规则。研究人员还定下了一个宏伟的目标，那就是让自然语言的识别准确率达到 95%。总的来说，第五代计算机设想了一个并行处理计算机，它运行在大型数据库之上（而不是传统的文件系统），使用逻辑编程语言来定义和访问数据。研究人员设想构建一个性能在 100M 和 1G LIPS 之间的原型机，其中 LIPS 是每秒逻辑推理。当时典型的工作站机器能够达到约 100K LIPS。

研究人员提议在十年内建造这台机器，初期研发为 3 年，建造各种子系统为 4 年，最后 3 年完成工作原型系统。1982 年，MITI 全力支持该项计划，总的投资预算达到了 8 亿美元，建立了该项目新一代计算机技术研究所（ICOT），并且组织了日本国内 8 大著名企业配合 ICOT 进行研究。1982 年 4 月份提出十年计划的时候已经顺利完成了第一节阶段的任务。

来自 ETL 的渊一博可以算得上是年轻有为，46 岁就出任 ICOT 的所长，并且曾经参与过超级计算机 IlliacII 的研发工作。有趣的是 46 岁的渊一博在招募部下的时候要求所有部下不得超过 35 岁，并且他把他的四十位部下称为四十浪人。但是这四十浪人以及他们倾尽所有青春与鲜血的第五代计算机的命运都是悲壮的。到了 1992 年，也就是距 1982 年正好 10 年的时间的时候，关键性的技术难题还是没能被顺利突破，自然语言处理上、程序自动生成上、自动定理证明上的目标都没能实现（这些目标到现在也没有被突破）。这一系列失败导致了该计划最后阶段研究的流产。渊一博也只能重回大学的讲堂。

尽管我们可以肯定地说第五代计算机的研发是失败的，但这个计划本身还是有一定意义的。1992 年 6 月，ICOT 将其 62 个处理器的原型机拿出来进行了展示，对生物学领域中的蛋白质结构分析这一场景进行了演示，说明该原型机在生物学应用中还是有所用武之地的。并且该项目仍旧为日本培养了一批高素质的研究员。同时分布在大量知识库中的逻辑编程，现在正在当前技术中重新解释。例如，Web 本体语言（OWL）采用多层基于逻辑的知识表示系统。我们也可以认为第五代计算机的构想超越了当时的时代，它的失败对后世的积极影响仍旧不可忽略。

这个计划还有一定的警示作用。我们看到日本政府花费了大量的人力物力去试图打造这样一个系统，他们当时肯定是清楚所面临的困难的。虽然这种面对困难迎难而上的精神也很可贵，但我们更要认识到科学并不是能够光靠砸钱、倾泻资源这种手段来发展的。我们必须认识到科学的发展是一个循序渐进的过程，务必要耐得住性子、守得住寂寞才能真正地发展科学，推动科学前进。

1982：霍普菲尔德神经网络

20世纪80年代，美国生物物理学家约翰·霍普菲尔德(John Joseph Hopfield)将物理学中动力学相关的思想引入到神经网络的构造当中，分别于1982年和1984年发表了2篇极具影响力的论文，提出了霍普菲尔德(Hopfield)神经网络，当时引起人工神经网络学术界的轰动，同时也带来了很多其他领域的科学家尤其是物理学家对人工神经网络的关注，促使了第二次神经网络热潮的到来。

霍普菲尔德于1954年毕业于斯沃斯莫尔学院，1958年获康奈尔大学物理学博士学位。他在贝尔实验室的理论小组工作了两年，随后在加州大学伯克利分校(物理)、普林斯顿大学(物理)、加州理工学院(化学和生物学)担任教职，之后再次在普林斯顿大学任教。数学和物理学上的学术研究以及后来在生物学上的经验，为他在神经网络提出的概念和所做的贡献奠定了扎实的学术积累基础。他与贝尔实验室的VLSI芯片设计者长期保持着密切的联系，1987年贝尔实验室成功在霍普菲尔德神经网络基础上开发出神经网络芯片，使得神经网络在VLSI(Very Large Scale Integration，超大规模集成电路)和光学设备的并行实现上有了长远的应用前景，霍普菲尔德神经网络模型也因此一度被认为是最有影响的神经网络结构。

霍普菲尔德神经网络的发展为人工智能研究带来了新的突破，推动人工智能研究迈入新的复兴阶段，使人工神经网络的构造、学习具备新的基础，迎来第二次发展高峰。在随后的20世纪90年代中，人工智能研究基于霍普菲尔德神经网络进一步得到推广与深入，如 Edelman 于 20 世纪 90 年代中后期所提出的 Darwinism 模型、Wunsch 提出的光电 ART、Jenkins 等人研究出的 PNN(光学神经网络)等，都与霍普菲尔德神经网络具有较为密切的关系(图 47)。

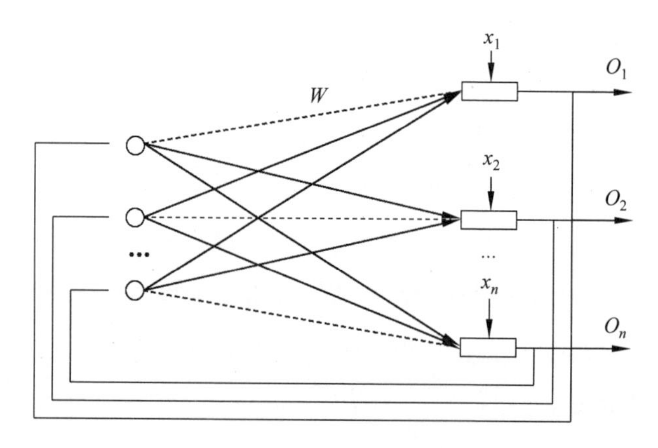

图 47　霍普菲尔德神经网络结构

在霍普菲尔德神经网络中，每一个神经元既是输入也是输出，跟所有其他神经元相互连接，通过权重将自己的输出传递给其他神经元，这是一种递归神经网络的模型。霍普菲尔德神经网络引入了网络能量函数的概念，并且证明了，在权值固定，任意给定神经元初始状态，随着迭代过程进行，当网络达到稳定状态的时候，能量函数也会达到极小值。

霍普菲尔德神经网络可分为离散霍普菲尔德神经网络与连续霍普菲尔德神经网络。离散霍普菲尔德神经网络节点输出为−1 或者+1，适用于联想记忆，通过预先训练得到权值后，根据给定输入进行迭代即可回忆出联想的结果。连续霍普菲尔德神经网络的节点输出为(−1，+1)间的连续值，适用于最优化求解问题，如 TSP 问题等，通过将最优化问题的目标函数转化网络的能量函数，从而计算出权值，当网络的能量函数收敛到极小值时，神经元的状态即对应问题的一个较优解。

随着时代的进步，目前霍普菲尔德神经网络已发展、演变出较多的应

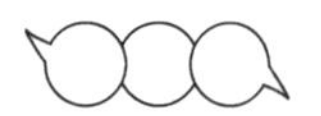

用，其中较为广泛、成就较为突出的领域为模式识别、自动控制、信号处理、辅助决策、人工智能等领域。在这些实际应用领域中，霍普菲尔德神经网络的主要应用可分为识别、控制、处理、决策等。下面列举两个领域的典型应用。

1. 医学领域中的应用

霍普菲尔德神经网络相关技术于医学方面中的应用主要集中于两方面。首先为生物信号的检测与分析。此过程中霍普菲尔德神经网络主要负责为与相关设备连接，解决生物医学信号中无法解决的问题。在实际工作过程中，生物医学信号分析、处理过程中的霍普菲尔德神经网络可直接利用连续波形输出信号进行数据分析，于脑电信号、电位信号的提取中起到作用。此类应用的原理为霍普菲尔德神经网络的构成为大量的简单处理单元，各个单元联合，便成为一类较为稳定的自适应动力学系统，能够有效实现分布式存储、自适应学习。

其次为医学专家系统。所谓“医学专家”，即为以霍普菲尔德神经网络所衍生出的程序作为一类病情诊断程序展开针对患者的病情分析。构建具体程序时将专家知识、经验以对应规则形式存储于计算机中，随后根据逻辑推理及实际情况进行分析，实现病情诊断。以往模式中亦有根据相关计算机程序制作而成的医学专家系统，但此类系统存在较大问题，即数据库存储方面问题。随数据库的信息存储适量逐渐扩大，此类系统实现问题解决的时间便越长。但霍普菲尔德神经网络不存在此类问题，以该网络为技术基础所展开的医学专家系统能够有效解决原有系统中的问题，同时还提升了系统的处理速度，使系统具备自学习能力，切实解决问题，保障医疗单位发展。就医学领域中较为复杂的麻醉、危重医学领域知识展开分析，霍普菲尔德神经网络可应用于此类领域中的临床验证、症状预测、证明无确切证据关系、分析处理信号等工作中。

2. 经济领域中的应用

经济领域中的应用皆以实际展开。就目前我国经济方面发展展开分析，神经网络可以完成对商品价格变动的分析，并于分析过程中将市场供求关系的因素有效归结，控制此类因素对市场供求关系的影响，以及对其中相关因素实现分析。使用传统经济学规则无法对不完整数据、不确定数据进行分析，而人工神经网络则可有效解决此类问题，由确立机制出发，根据影响商品价格的可支配收入、贷款利率、城市化水平等多方面因素展开分析，实现模型建立的同时解决问题，根据商品价格的变动趋势进行预测，得出较为准确的分析结果，保障单位发展较为稳定。

除此以外，霍普菲尔德神经网络的作用还在于其能够根据实际情况展开较为稳定的评估工作，根据风险评估机制自动规避风险，其原理即在于霍普菲尔德神经网络可根据金融活动中的不确定性展开计算，分析此类问题来源并切实根据实际解决问题，结合自身计算公式，建立风险模型，采取对应算法获得评价系数，完成评估工作。当评估完成后，其更能够分析问题存在的具体方向，并根据问题制定对策，确定最为有效的解决方案，进行实证分析后弥补主观评价中的不足，最终获得较为满意的效果。

1983：模拟退火

有人认为智能的本质是优化问题，因为所有能被理解的问题都能被转化为最优化问题。比如博弈问题，只要我们穷尽所有的可能性，就能找到最优解，这本质上是一个优化问题。又比如组合优化问题、搜索问题等等。但是事实上，大量的优化问题是“不可解的”，即我们无法为其找到简单的优化办法。这里所说的简单的办法，是指在多项式复杂度内找到可行解。一般情况下，多项式复杂度内的算法是可以接受的。但世界上绝大部分的问题是复杂的，我们还无法找到多项式复杂度的解决方案。

注意，这里我们说“还不能”找到快速解决方案，并不是指“不能”找到快速解决方案。事实上，能不能找到通用的“简单”方法，仍是计算理论一个非常重要的未解问题。这里，我们稍微扩展一下。在计算理论方面，我们把可以在多项式时间内找到解的问题称为 P 问题；把可以在多项式时间内验证是否是可行解的问题称为 NP 问题。目前，计算机科学家发现大量的 NP 问题还不能找到多项式时间的解决方案，但又无法证明其不存在多项式时间的解法。这就是著名的“P 是否等于 NP”的问题。我们常常对其中的“复杂”问题束手无策，传统的穷举法需要大量的时间。举一个简单的例子，对于著名的“八皇后”问题，需要穷举所有的可能性才能找到最优解，而这些可能性的多少，是随着棋盘大小指数增长的。指数增长在某种意义上就意味着无穷的时间。在实际应用中，我们无法接受这样的时间复杂度。

为了解决这种复杂问题，科学家开始从自然界寻求解决方案。1983 年，美国 IBM 公司的物理学家柯克帕里克、吉列特和维奇在《科学》杂志上发表了一篇影响深远的文章。该文章的题目是《以模拟退火法进行最优化》。基于 Metropolis 等人的方法,他们发现物理系统中的能量函数和部分组合优化问题的成本函数特性相似:最低的能量对应于最优的函数解。由此,他们发展出了模拟退火方法,并用其来解决组合问题。

与此同时,欧洲物理学家卡尼也做出了几乎相同的研究,而他们其实是独立发现的。但卡尼的工作在当时并没有引起很多人的注意。因为《科学》杂志行销全球,"曝光度"很高,久负盛名,而卡尼却在另外一本发行量很小的专业学术期刊《理论物理》发表其成果,所以并未引起应有的关注。

柯克帕里克等人发明了"模拟退火"这个名词,因为它的计算过程和物体的退火过程非常相似。寻找目标函数的最优解对应于能量系统中的最低能量。因此当系统降温时,能量也逐渐下降;在模型退火中,问题的解也"下降"到最值。

模拟退火借鉴于热力学中的退火原理。它能够以较高的概率在可接受时间内找到全局最优解的近似解。模拟退火比较适用于离散目标函数的求解优化。在不要求全局最优解而对优化时间要求比较高时,模拟退火算法应该是更优秀的解决方案。

模拟退火的名称和灵感来自冶金退火,这是一种涉及加热和控制冷却材料的技术,以增加其晶体的尺寸并减少其缺陷。加热和冷却材料会影响温度和热力学自由能。模拟退火可用于找到具有大量变量的函数的全局最优值的近似值。

在冶金和材料科学中,退火是一种热处理技术。它能够改变材料的物理和化学性质,以增加其延展性并降低其硬度,以增加其可用性。它涉及将材料加热到其再结晶温度以上,保持合适的温度一段时间,然后再进行冷却。

在退火中,原子在晶格中迁移并且位错的数量减少,导致了延展性和硬度上的变化。当材料冷却时,分子会进行重结晶。对于许多合金,包括碳

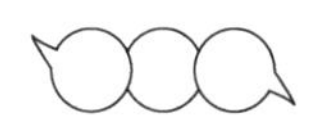

钢，最终决定材料性能的晶粒尺寸和构成取决于加热和冷却速率。退火工艺后的热加工或冷加工改变了金属结构，因此可以使用进一步的热处理来实现所需的性能。通过对组成和相图的了解，可以使用热处理来调节材料的性能，使其更柔软和更具延展性。

冶金退火的缓慢冷却，在模拟退火算法中被解释为随着探索解空间的时间加长而接受更差解的概率缓慢降低。通常，模拟退火算法如下工作。在每个时间步，算法随机选择接近当前解的一个解，测量其优劣，然后再决定是否接收新的解。事实上，新解决方案可能比现有解决方案更好或更差。接收更差的解是为了防止搜索陷入局部极值。从热力学的角度而言，接收差解能够保证采样概率符合一致平衡条件，保证给定无限的时间，算法总能够找到最优解。

模拟退火是一个非常经典的最优化搜索算法（图 48）。借鉴于自然界的热力学理论，人们将退火过程应用到目标函数求解的问题中，而目标函数求解又是人工智能的重要问题，所以模拟退火是人工智能发展领域非常重要的进展之一。

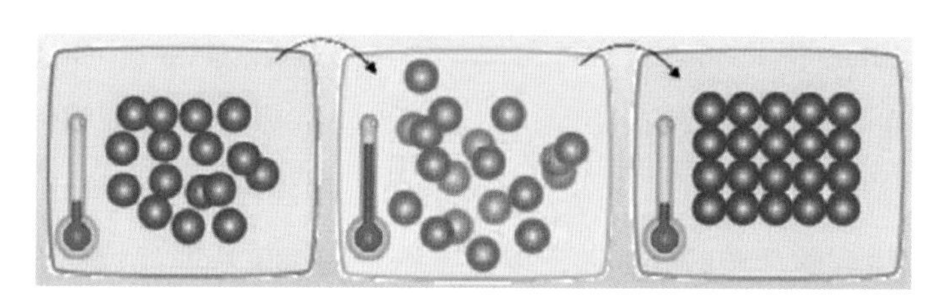

图 48　退火示意图

1986：训练神经网络的反向传播算法

由于单层神经网络的局限性，无法实现基本逻辑运算"异或"，许多学者不看好这一领域，人工神经网络也因此长期处于寒冬状态中。BP 算法，也即反向传播算法(Back Propagation)，它的出现起源于微积分中复合函数求导的链式法则。人工神经网络是一种仿生方法，是对动物神经系统的简单模拟，从数学的角度看，神经网络又是一个多层的复合函数。1974 年，还在哈佛大学攻读博士学位的保罗·韦伯斯(Paul Werbos)在弗洛伊德心理学理论的启发下，首次提出可将 BP 算法应用于多层神经网络中，并在论文中深刻分析了其可能性。然而，当时正处于人工神经网络发展的低潮期，该项研究并未引起学术界的重视。

直到 1986 年，David E. Rumelhart、Geoffrey E. Hinton 和 Ronald J. Williams 在发表的论文 *Learning Representations by Back-propagating Errors* 中，清晰指明反向传播算法可解决多层神经网络中隐单元的权值学习，并给出了完整严谨的数学证明。该方法可完美解决非线性问题，其过程是在传统神经网络的正向传播基础上，增加了针对误差的反向传播，通过反复调整网络中连接的权重，使网络的实际输出向量与所需输出向量之间的差异最小化。这一研究成果使得多层神经网络真正成为一种具有实用价值并且可以实现的方法。至此，针对神经网络的理论性研究成为当下热点，BP 算法也成为人工神经网络训练的一种通用方法。

在 BP 算法中使用了一种非常经典的最优化算法——梯度下降法(Gradient Descent)，也称为最速下降法(图 49)。梯度下降法通过计算函数

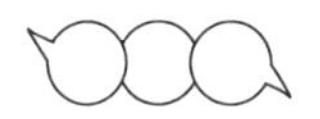

当前点对应的梯度，并按照设定步长往梯度的反方向进行迭代，这样就可以找到函数的局部极小值。相反，如果往梯度正方向迭代则称为梯度上升法，可以找到函数的局部极大值。

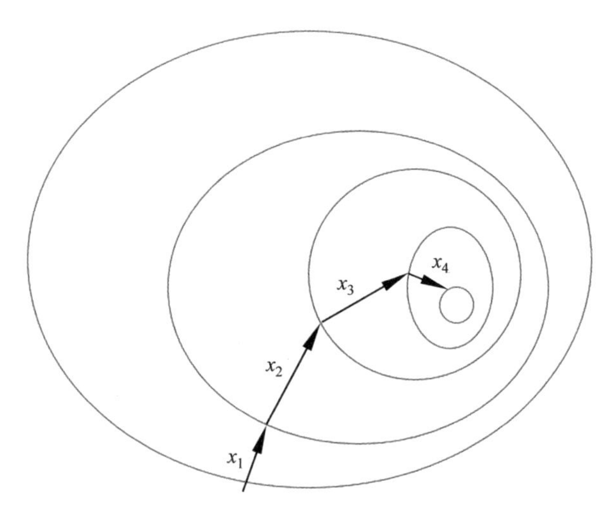

图 49　梯度下降示意图

但是由于在 20 世纪 80 年代，计算机的运算能力有限，训练数据的样本也比较缺乏。虽然理论上，BP 算法可以通过梯度下降法逐步得到与神经网络的期望值误差均方差最小的实际输出，BP 算法也可以训练任意复杂的模型，通过增加网络层数能够解决诸如模式识别等复杂问题，但当神经网络规模增大的时候，训练难度也呈几何式增长，甚至会出现“梯度消失”或者“梯度爆炸”等问题。另外，梯度下降法还容易形成局部极值，无法得到全局最优解，而且需要做大量的运算，训练次数多而导致学习效率低下，收敛速度慢。再加上 20 世纪 90 年代支持向量机（SVM）的提出，其具有直观的统计学解释，而且在分类和回归问题上取得良好的结果，因此人工神经网络再一次进入了瓶颈期。

在与支持向量机的竞争中，神经网络在很长时间都没有太大的进展和出色的表现，直到 2012 年，这种局面才得以打破。因为我们发现在图像识别、语音识别等复杂问题上，SVM 等浅层模型存在严重的过拟合问题，因此，需要找到更加强大的算法来解决这些问题，这时候由于有大量训练数据的支持、算法的改进以及计算机运算速度的进步等原因，神经网络可以训练更大规模、更复杂的模型，它们展现出了明显的优势，历史又一次选择了神经网络。

BP 算法是迄今为止最成功的神经网络学习算法之一。单从数学角度看，BP 算法的核心其实就是一个微积分中的链式求导法则，并没有什么特别的创新之处，但将它应用于多层神经网络中却使得这种算法具有了真正价值。BP 算法具有很强的非线性映射能力，神经网络实质就是实现从输入到输出的映射，BP 算法应用于神经网络可以实现任意复杂非线性映射，它特别适合求解内部机制比较复杂的问题。BP 算法具有较强的泛化能力且能够自主学习，即根据预设的参数更新规则，通过不断地调整神经网络中的参数，使得输出最符合期望值。

直至今日，在现代深度学习中，BP 算法仍然有着大规模的应用，在全连接神经网络、卷积神经网络和循环神经网络中都有它的实现版本。然而在近几年，BP 算法受到了一些质疑，人工智能学者也纷纷在尝试可以代替 BP 算法来训练神经网络的新方法，例如进化计算中的遗传算法等。当然目前 BP 算法的地位还没有被撼动，2018 年辛顿新发表在神经信息处理系统进展大会（Advances in Neural Information Processing Systems）上的论文 *Assessing the Scalability of Biologically-Motivated Deep Learning Algorithms and Architectures*，将目标传播（Target-Propagation）、反馈对比（Feedback Alignment,）、目标差传播（Difference Target Propagation）几种算法与反向传播算法进行了对比，结果发现在各大数据集上，BP 算法的表现仍然要显著优于其他几个算法。尽管辛顿本人对 BP 算法也“深感怀疑”，但目前想要从生物学的角度找出比这训练效果更好的方法，研究者们还有很长的路要走。

1987：第二次人工智能寒冬

20 世纪 80 年代到 90 年代，人工智能各方面的研究都有所突破：IBM 等公司利用专家系统在一些领域进行了实际应用，霍普菲尔德网络以及 BP 算法的发展重新复苏了神经网络研究……然而，这段时期由于多方面的原因，人工智能领域失去了大量经费支持，相关研究由于财政问题转眼间坠入低谷。研究者们将 20 世纪 80 年代末到 90 年代初这一时期，被称为“AI 之冬”。

变天的第一个征兆是 1987 年 AI 硬件市场的崩盘。

20 世纪 80 年代之前的人工智能程序大都使用 LISP 语言，并且往往对处理器计算能力和存储器空间要求巨大。从 1973 年开始，MIT AI 实验室的 Richard Greenblatt 和 Thomas Knight 等人开启了后来称为“MIT LISP 机器项目”的工程，意在为 LISP 语言量身定制，建立一台专门为开发和设计大型人工智能程序而设计的计算机。到 20 世纪 80 年代，LISP 机器得以商业化，有几家公司从事于其设计与销售，包括 Symbolics、德州仪器、Xerox 等。日本的“第五代计算机技术开发计划”同样投入巨资研究针对人工智能的计算机软硬件平台。野心勃勃的日本人选择了新的 Prolog 逻辑程序语言，意图利用新技术赶超美国的技术水准。

令人意外的是，上述两方面的努力结果竟是完全的失败。从 20 世纪 70 年代末开始，苹果与 IBM 等公司生产的台式机发展迅速，不断更新换代，性能突飞猛进。到了 1987 年，台式机性能已经超过了 Symbolics 等厂家生产的昂贵的专业 LISP 机（图 50）。一夜之间，投入巨资研发的成果变得毫无价值,巨大的产业顷刻间土崩瓦解。日本第五代计算机研究则由于对技术难度的错误估计,也以失败告终。大把的资金打了水漂,原先的投资者难免对人工智能的发展前途产生了怀疑。

图 50 Symbolics 3640 LISP 机

人工智能硬件的失败源自现代台式计算机急速发展的外界压力,而人工智能自身的主要应用——专家系统,此时也暴露出了诸多缺陷。这也是第二次寒冬产生的核心原因。

20 世纪 80 年代,卡内基·梅隆大学为 DEC 公司设计的 XCON 专家系统,用于帮助为 VAX 型计算机系统选择组件。它有大约 2500 条规则,在其后 6 年的时间里处理了约 8 万条指令,准确率达到了 95%～98%。据称,它为 DEC 公司每年节省了约两千五百万美元。XCON 称为专家系统在实际应用中大获成功的经典案例,一系列特定领域的专家系统也相继出现。

然而,随着时间流转,XCON 逐渐显示出了一些致命的缺点。随着相关领域的不断发展,要持续维护大量规则需要耗费巨大的成本,对系统进行升级几乎是不可能的。同时,系统本身极度的脆弱,某条规则的编写出错,或是使用时输入稍有不规范,都可能引发不可预测的错误。实际上,专家系统本身的构建与使用都是极度烦琐的,只有在有限的情景里具有实用价值。

到了 20 世纪 80 年代晚期,美国战略计划促进会基于人工智能在实际应用中令人失望的表现,决定大幅度消减对人工智能的资助。DARPA 的新任领导认为人工智能并不是“下一个浪潮”,拨款更倾向于那些看起来更容易

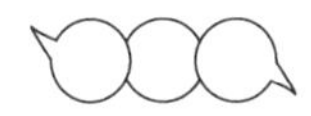

出成果的项目。

深入思考这次寒冬的根本原因，实际并非人工智能本身的研究没有未来，而是由于前一繁荣时期中泡沫的破碎。20 世纪 80 年代以来，众多商业机构和部分研究者对于人工智能的发展表现出了过度的自信。随着少数专家系统的建立与应用，全球大量公司缺乏结合场景的思考以及对这项新技术的深入分析与长久观察，便投入了这场技术竞赛中。这些盲目乐观的追捧最终以失败告终，与经济泡沫的经典模式并没有太大区别。实际上，这个时期正是一系列新技术孕育、成长的时期，它们将在下一个人工智能的春天改变世界。

1990:“自底向上”的人工智能——“大象不会下棋”

20 世纪 80 年代,基于符号主义和联结主义的典型人工智能方法已经有了长足的发展并拥有各自的典型方法——专家系统与人工神经网络。但仍有一些学者坚持着另一条研究道路,那就是机器人学。

大部分的人工智能领域学者遵从阿兰·图灵提出的“图灵测试”方法,通过一个与人类智力活动相关的任务,来验证其方法所具备的“智能”性。例如,神经网络往往以分类、识别为主要任务,符号主义研究者所设计的智能程序通常用以自动化定理证明,专家系统则用于特定领域的决策问题。因此,他们的研究方法通常也是“自顶而下”的,即优先完成特定任务,之后再考虑其是否与生物智能具有一致性。机器人的研究方法主要在于其机械设计和行动控制,并不涉及认知或推理,因此以往人们通常认为它与“真正”的人工智能关系并不密切。

但随着机器人学的发展,以罗德尼·布鲁克斯(Rodney Brooks)和汉斯·莫拉维克(Hans Moravec)等为代表的研究者指出:控制是人工智能不可分割的重要基础。他们相信:生物智能是可行动可感知的有机体通过不断进化而获得的,因此这些感知、运动的技能才是认知、推理这些高层次智能行为的关键。因此,为了获得真正的人工智能,必须提供可感知、移动、生存、与外界交互的躯体。而抽象推理这类复杂认知过程,其实是人类完成生存任务的副产物,是最不重要也最无趣的技能。

实际上,即使是实现最简单的机器人动作控制也不容易,甚至不比实现

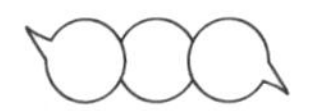

想象中更“高级”的抽象思维过程简单。莫拉维克提出以他名字命名的莫拉维克悖论(Moravec's Paradox),指出了这一违反直觉的现象:人类所独有的高阶智慧能力(如推理)只需要非常少的计算能力,要实现无意识的技能或直觉却异常困难(图 51)。他曾在书中写道:“要让计算机如成人般地下棋是相对容易的,但是要让计算机有如一岁小孩般的感知和行动能力确是相当困难甚至是不可能的。”

图 51　2012 年的 DARPA 机器人挑战赛中,机器人在行走中摔倒仍然屡见不鲜

莫拉维克悖论引起了大批人工智能学者的反思,语言学家和认知科学家史蒂芬·平克在《语言本能》一书中写道:经过 35 年人工智能的研究,发现最重要的课题是“困难的问题是易解的,简单的问题是难解的。”事实上,早期人工智能学者往往过于乐观,很大程度上是由于已经实现了逻辑化的计算机程序语言,并成功尝试了定理自动推导和下国际象棋等任务。莫拉维克悖论让他们反省到,其实这些看起来困难的任务,实际上是实现起来非常简单的,也是对真正的人工智能研究无关紧要的。

David Marr 是该思想的另一位先驱者。他在理论神经科学、尤其是视觉信息处理方面有着深厚的造诣,20 世纪 70 年代曾前往 MIT 指导人工智能视觉研究组的工作。David Marr 反对所有的符号方法,包括麦卡锡(John McCarthy)所采用的逻辑学方法与明斯基(Marvin Lee Minsky)主张的框架理论,并支持实现人工智能需要从最基本的视觉物理机制出发,之后才涉及符号处理的问题。

1990年，MIT的机器人学教授罗德尼·布鲁克斯在他著名的论文《大象不会下棋》(*Elephants Don't Play Chess*)中更加系统地分析了新人工智能思路的哲学依据。在该论文中，他指出：传统人工智能基于符号系统假设(Symbol System Hypothesis)，即智能表现于符号系统的运算；而另一种人工智能思想基于物理实现假设(Physical Grounding Hypothesis)，该假设认为要建立一个智能的系统，必须能将它在物理世界中实现。

符号系统假设在现实应用中有许多问题。首先，符号系统(抽象思维)通过感知系统与现实世界交互，但所感知的信息同时与具体任务相关，因此两者实则是不可分割的。其次，现实世界异常复杂，大部分任务很难用简单的符号运算来建模。表现在实际应用中，便是专家系统往往需要大量的人工规则，实际设计过程成本高昂。最后，符号系统实际依赖于一些简单规则的涌现特性，这导致相关的方法往往都具有NP完全的大规模计算空间，实际无法像真正的生物智能行为那样高效。

而对于物理现实假设，布鲁克斯认为："一旦做出这种承诺，传统符号表示的要求便显得毫无意义。最好的观测就是，现实世界就是它本身最完美的模型。它总是即时自我更新，也总是包含了所有必要的细节。诀窍在于正确地、足够频繁地感知它。"他进一步提到，接受物理现实假设后，发展人工智能的正确路径应当与进化过程一致，即自底向上，由基本的感知、运动等能力的实现出发。他还给出了一个较为具体的实现框架——包容体系架构(Subsumption Architecture)，用于后续一些相关的机器人设计与研究当中，并在论文的后面部分谈到了基于这种思路实现的一些机器人、智能的评价指标、可能的缺陷以及研究所涉及的主要问题(图52)。

布鲁克斯认为这种不关注思维能力而只发展感知和行动能力的机器人研究是未来人工发展的重要方向，将其称为新人工智能(Nouvelle AI)。他提到：通向人工智能自下而上和自上而下的两类研究会在中途相会，而新人

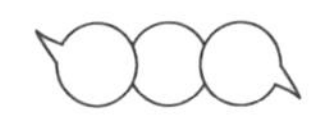

图 52　布鲁克斯与他在 Rethink Robotics 公司开发的机器人 Sawyer

工智能方法会贡献得更多并为令人沮丧的传统人工智能研究提供现实世界的能力和常识性知识。而此时，真正的智能机器才得以诞生。

新人工智能是一场关于智能的哲学反思，得到了众多学科的广泛响应。20 世纪 80 年代和 90 年代许多认知科学家将这理论其总结为"具身的心灵、理性、认知（embodied mind，reason，cognition）"论题，认为身体是推理的必要条件。对于人工智能科学，新人工智能思想重新激活了维纳（Wiener）和麦克洛克（McCulloch）等人以控制论为基础的智能机器人研究，开启了新一代行为主义学派人工智能的发展。

1995：粒子群优化算法与群体智能

人们通过模仿生物结构或行为，曾获得了数不清的财富，人工智能的神经网络方法便是其中一个典型代表。但除了精妙的神经系统和灵活的躯体，自然界的生物还表现出了另一种特别的智慧，那就是群体的合作。像蜜蜂、蚂蚁等昆虫能够通过分工与合作，高效地完成族群生存中的各项任务，以及建设难以想象的精妙工程。鸟群、鱼群等群体动物通过复杂的编队，可以在气流、水流中节省体力，以及发挥出搜索、御敌等功能(图 53)。这类通过个体协同所涌现出的智慧，被研究者称为群体智能。

图 53　自然界中的生物群体

粒子群算法最初源自于对鸟群群体行为的模拟。在很早以前，就有动物学家发现了一些生物群体在协作中表现出的精妙构造和所带来的特殊优势，也有科学家通过计算机程序对这些群体行为进行了模拟仿真。Reynolds 和 Heppner 这两位动物学家分别在 1987 年和 1990 年发表了关于鸟群运动的论文。他们发现，数量庞大的鸟群在飞行中表现出了特别的美学：它们可以自由地散开、聚拢或是重组，而整个群体在变化过程中始终协调一致。这一定有某种潜在的能力或规则，来保证这种完美的同步行为。这些科学家大多认为鸟类的协同能力来自于鸟类社会行为中的群体动力学，他们在模

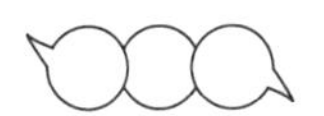

拟中着重考虑如何保持个体之间的最优距离。

肯立迪(Kennedy)和埃伯哈特(Eberhart)对 Heppner 的鸟群模型进行了修正,并在优化问题中应用,即模仿鸟群寻找食物的搜索过程。不同于之前的种群动力学方法,他们使用了一种抽象的社会信息交互行为来控制鸟群中个体的运动。实际上,1975 年生物社会学家 Wilson 在研究鱼群的论文中曾提到类似的想法:"至少在理论上,鱼群中的个体成员能受益于群体中其他个体在寻找食物的过程中的发现和以前的经验,这种受益是明显的,它超过了个体之间的竞争所带来的利益消耗,不管任何时候食物资源不可预知地分散于四处。"

肯立迪和埃伯哈特将他们的新算法称为粒子群优化(Particle Swarm Optimization,PSO)算法,他们的研究成果于 1995 年正式发表。其中,粒子是对鸟个体的抽象,代表搜索空间中一个没有体积或质量的点。整个群体的状态由全部粒子的位置和速度来表示,其中粒子的位置编码了优化问题的一个可行解,而速度决定了它下一时刻将要到达的位置。粒子间的协同性来自于速度的更新方式,它是下面三个方面的加权总和。

(1) 惯性。粒子一定程度地保持原来的速度,这是运动的基本特性。

(2) 自我认知。粒子会从自己的搜索经验中学习,偏向自身所到达过的最优位置。

(3) 社会经验。粒子会将邻域中的其他粒子学习,偏向它们所探索到的最优位置。

利用上面的速度更新方法,我们便能模拟鸟群搜索的过程,下面是 PSO 算法的流程:

(1) 随机初始化种群中个体的位置与速度,重复下面的步骤直到满足终止条件。

(2) 更新每个个体的速度。

(3) 更新每个个体的位置。

（4）更新个体经验和种群的社会经验。

PSO算法的关键特点是社会交互作用：个体通过相互学习，使得差的个体靠近它更好的邻居，从而让整个群体都能协同进步。粒子的社会网络结构反映了它们之间的沟通途径，用以确定速度更新中的邻域范围。社会网络结构会对群体行为产生强烈地影响，举几个例子：当群体中的粒子能够与所有其他粒子通信时，它们便会向同一个最优榜样学习，从而快速地聚集到一起；当群体中的粒子只能与周围少数几个粒子交流时，信息的传播变得较慢，虽然最终群体仍能够收敛到最优位置，但聚拢的速度会变慢。实际中，可以使用各种各样的社会网络结构，例如：

- 星状网络：所有个体都相互联系。
- 精英网络：只有个别个体向全部其他个体学习，其他个体独立探索。
- 聚类网络：种群划分为几个群落，同一群落内的个体能够相互学习，群落间通过某些个体进行交流。

社会网络结构对生物群体行为的影响不只表现出了有趣的社会学现象，同样具有很高的实用价值。在一般的全局优化问题中，优化目标表现出各不相同的形态，此时更合适的社会网络结构能够得到更高的效率。当优化目标是凸函数，星型结构能让全部个体快速分享信息，有效聚集到最优解；而优化目标十分复杂时，较为稀疏的网络结构能够让个体更充分地搜索各自区域，避免过早地收敛。当优化目标的整体趋势明显、但局部形态不规则时，精英网络或聚类网络能够兼顾群体的整体搜索和局部开发。实际上，在全局搜索问题中，搜索的探索性和开采性平衡一直是相关研究的重点：探索能力强，则利于发现全局最优解，但确定邻近的最优位置速度变慢；开采性强，能够快速靠近附件的最优解，但可能导致最终只找到次优解。社会网络结构的设计与各类优化目标的形态特点，构成了巧妙的对应，使得PSO算法能够高效处理各种全局优化问题。

PSO算法表现出的有趣现象和显著效率，吸引了一大批研究者，他们对

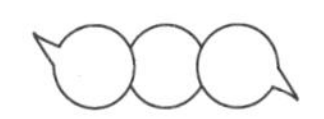

PSO算法进行了详细的理论分析和算法改进。一种有趣的理论分析说明，粒子群算法中的个体，能够以一种类似三角函数的波浪形轨迹靠近最优解位置，从而能够扫过较大的搜索范围。实际上，要对各种群体算法进行理论分析直到现在都相当困难，大部分研究都只能在极度简化的场景下进行。

PSO算法没有对于目标函数的凸性等额外要求，也不依赖梯度信息，能够适用于各种各样的优化问题，也能很好地适应包括多目标优化、离散优化、带噪声的目标函数等等特殊的高级优化问题。需要调整的参数较少也是PSO算法便于应用的优势之一。这些优点让PSO算法得到了极为广泛的应用，现在可以在几乎全部优化相关的问题中看到它的出现。但粒子群优化也有自身的缺点，例如，尽管PSO有高度的并行性，但依旧需要保证群体的一定数量，因此那些要求解的评估次数极少或评估代价极高的场景中，PSO算法并不合适。

PSO算法和之前的蚁群算法让人们认识到了群体协作的威力，大部分研究者认同这种生物群体所表现出的复杂机能属于智能的一种形式，因此群体智能从此逐渐建立了起来。群体智能并不像之前的人工智能研究那样重视单个个体的能力，相反，它关注非常简单的个体如何通过合作涌现出复杂的群体行为。群体智能的框架有着多方面的优势：群体结构使得计算是分布式的，能够有效地进行并行处理；同时，部分个体出现偏差对整个群体的运行不会有致命影响，因而系统具有很好的鲁棒性。群体智能算法的独特优势吸引了大量学者投入相关研究，如今已经成为人工智能的重要内容，也是未来人工智能的未来发展中备受关注的方向之一。

早期的群体智能研究基本集中于粒子群优化和蚁群算法，后来许多研究者根据生物群体中的各种协同现象开发了一系列用于优化问题的群体智能算法，包括鱼群算法、蜂群算法、狼群算法，等等。值得一提的是，由笔者提出的烟花算法（Fireworks Algorithm，FWA），是一种通过模仿烟花的爆炸过程进行搜索的新型群体智能优化算法。由于其突出的性能，近年来烟花算法获得了业界的广泛关注，并得到了许多的实际应用。事实上，以烟花算法为代表的华人学者的工作，构成了近年来群体智能发展的重要部分，大大提升了我国在人工智能领域研究的地位。

另一类群体智能研究结合行为主义的思路，利用大量简单代理来实现更具体的群体系统，称为群体机器人。群体机器人研究如何构建真实群体系统完成各种复杂的实际任务，在无人机作战、灾后救援等问题有着重要意义。如今，很多研究者已经实现了协同性和鲁棒性极高的排队、搜索等行为。尽管要实现能够实际应用的高度智能群体系统还存在诸多困难，考虑到近期发展迅速的自动驾驶、自动快递配送等产业，我们在现实生活中见到基本的群体机器人应用，很可能就在不远的将来。

总体而言，PSO 算法通过模仿鸟群的交互行为，给出了一个高效而简洁的优化算法，更重要的是开启了群体智能的研究。尽管我们尚不清楚简单个体通过交互涌现出复杂智能行为的内在机理，群体智能已经在数不清的问题上得以应用，在未来也会进一步走进我们的日常生活，以及可能为通用智能的研究带来启示。毕竟从行为主义的角度考虑，部分智能的产生可能正来自于生物的群体行为。

1997："深蓝"称霸象棋世界

人工智能发展史上最引人关注的事件之一就是 1997 年 5 月 11 日美国 IBM 公司生产的超级计算机"深蓝"，在正常时限的比赛中以 3.5∶2.5（2 胜 1 负 3 平）首次击败了等级分排名世界第一的棋手加里·卡斯帕罗夫（Garry Kasparov）。计算机的胜利标志着国际象棋历史的新时代（图 54）。

图 54　国际象棋人机大战

最早的人机对战可以追溯到 1963 年，当时的国际象棋高手大卫·布龙斯坦（David Bronstein）因质疑计算机在象棋领域的能力，主动请缨，在让一个后的情况下，向计算机象棋程序发起挑战。这个让子的操作使他在比赛的时候损失惨重，最终输掉了比赛。为了挽回颜面，他又提出在不让子的前提下再比一局。

深蓝计划开始于一台名为"芯片测试"的计算机，这是许峰雄在美国卡内基·梅隆大学修读博士学位时的研究，该计算机在美国的州象棋比赛中获得了不错的名次，后来又研制了另一台计算机“沉思”。许峰雄与穆雷·坎贝尔(Murray Campbell)于1989年加入IBM研究部门，阿楠萨拉曼(Anantharaman)后来也参入(他随后离开IBM而加入了华尔街阿瑟·约瑟夫·赫内(Arthur Joseph Hoane)的团队担任编程工作)，IBM研究部门的长期雇员杰里·布罗迪(Jerry Brody)于1990年被该团队聘用。1992年，IBM公司委任谭崇仁为超级计算机研究计划主管(开始的主管为兰迪(Randy))，领导研究小组开发专门用来分析国际象棋的超级计算机“深蓝”。

在1989年“沉思”与卡斯帕罗夫比赛后，1996年2月10日IBM公司又举办了一场与国际象棋世界冠军卡斯帕罗夫的比赛，这场比赛的计算机被正式命名为“深蓝”，然而该计算机的首次挑战人类冠军却以2∶4的比分落败。1997年5月，“深蓝”的缔造者们终于用升级版的“深蓝”打败了卡斯帕罗夫，比分为3.5∶2.5。这台首次在完全正规比赛标准条件下击败人类冠军的计算机却在这场比赛之后宣布退役，令人难以理解。

作为打败人类冠军的明星，“深蓝”重达1270公斤，配备有32个处理器，每秒可以执行2亿次运算，远远超过人类大脑的计算能力。此外，“深蓝”还储存了人类高手100多年来的200多万局对阵。

“深蓝”其实本质上是一台并行计算机，它用32个处理器来同时进行搜索，成功的关键在于它对于足够感兴趣的行棋路线有很深的搜索能力，在某些情况下可以达到40层的深度。接下来我们对其中的搜索算法的原理进行介绍。

现在我们考虑两个游戏棋手A和棋手B，棋手A先行，然后两人轮流出招，直到游戏结束，最后给优胜者加分，给失败者罚分。在一般的搜索问题中，最优解是能够抵达目标状态的一系列招数。对于棋手A而言，要最大化棋局对于己方的效用值，对于棋手B而言则是最小化棋局对于棋手A的效用值(等价于最大化棋局对于己方的效用值)。由于双方轮流行动，所以棋

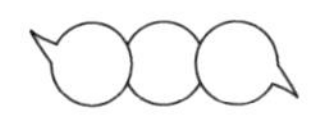

手 A 必须找到一种搜索策略，首先是初始状态下所采取的招数，然后是对棋手 B 的每种可能的应对所采取的招数，以此类推。在对手不犯错误时，最优策略能够生成至少不比任何其他策略差的结果，若对手犯了错误，原来的结果会更优。

一棵简单博弈树的博弈过程可以解释为，在初始状态下(根节点)，棋手 A 的可能招数被标为 w1、w2 和 w3。对于 w1，棋手 B 可能的对策有 b1、b2 和 b3，以此类推。在棋手 A 落子的时候，他需要考虑怎么下能使得棋手 B 不管选择 b1、b2 和 b3 中的哪一步，他的收益都是相对最大的；相同，棋手 B 在落子时也会考虑到棋手 A 下一步可能选择的所有位置，使得自己下完的收益最大或者棋手 A 的收益最小。

对于更新最终效用值的极小极大值算法可以用递归实现，递归算法自上而下一直深入到搜索树的叶节点，然后在递归的回溯过程中对上层各节点的最终效用值进行回传计算(棋手 B 层取小、棋手 A 层取大)。但是算法要考察的状态随着层数的增加呈指数增长，通过一些技巧可以将其减半，即无须遍历搜索树的所有节点就可以计算出正确的效用值，这里要采用的技术是 α-β 算法。若原来需要考虑的招数为 b，则 α-β 算法要确定最佳招数可以从 b 缩小为$\sqrt{b}$。对应到国际象棋相当于由 35 变为 6，在同样时间里能够预测大约两倍的回合数，在国际象棋中利用简单的行棋排序(如先吃子、后威胁、向前走、向右走)可实现事半功倍的效果，再结合一些动态排序机制可以接近理论极限。

由于“调换”情况的存在，即不同的行棋序列可以得到同样的棋局，重复的状态会在游戏中反复出现，使得搜索代价呈指数级增长，所以第一次遇到某棋局时把其评价保存在一个哈希表里是值得的，这个哈希表一般被称为“调换表”。使用调换表能够提高算法的动态性能，有时可以把国际象棋的搜索深度扩大一倍，但另一方面，若我们每秒能够评价几百万的节点，那么保存所有棋局的评价就不实用了，而为了只保留那些最有价值的节点，人们使用过许多不同的策略。

通过上面对极小极大值算法以及 α-β 算法的介绍，我们发现，前者需要生成整棵搜索树，后者虽然能够剪裁其中的一大部分，但仍需要考察到终止状态(搜索树的底层)，而这样的搜索深度在实际中由于时间限制往往是不可行的。1950 年，香农提出应该尽早截断搜索，通过引入启发式评价函数考察状态节点，能够有效地将非终止节点转化为终止节点。对于给定的棋局，评价函数可以返回对该状态的期望效用的估计值，即以前只能先评价终止节点的效用值，现在则可以用启发式的评价函数直接估计中间节点的效用值，以前需要对终止状态进行测试，现在则是要考察节点是否满足截止测试。最直接的截断策略是设置一个固定的深度限制，大于该深度的节点满足截止测试；为了能够深入考察感兴趣的棋局(能够影响局势的回合)，我们需要考虑更加复杂的截断测试条件，评价函数应该只用于那些静止的棋局(即在很近的未来不会出现较大的摇摆变化的棋局)，如有很好吃招的棋局一般不是静止的，对于这样的棋局，我们希望能够将其一直扩展到静止的棋局，这样的扩展搜索称为“静止搜索”。

结合以上所讨论的技术，博弈程序能够比较取得比较好的性能。假设一个国际象棋的博弈程序已经具有了一个启发式的评价函数、能够使用静止搜索的阶段测试以及一个很大的调换表，每秒能够生成与评价大约一百万个节点(最好能使用超级计算机)，每步棋(三分钟)可以搜索大约 2 亿个节点。国际象棋的平均分支因子为 35，而 35 的 5 次方大约是 5 亿，所以极小极大值算法只能预测 5 层，略低于平均水平的人类棋手(偶尔可预测 6～8 层)，使用 α-β 算法后可以预测约 10 层，接近专业棋手的水平了，附加一些剪枝技术可以有效地扩展到 14 层，要达到大师级别的水平需要进一步调整评价函数，而且需要一个包含最优开局和残局招式的大型数据库。“深蓝”的评价函数使用了超过 8000 个特征，多用来描述一些独特的棋子模式，另外还使用了一本有 4000 个棋局的“开局库”以及一个包含 70 万个大师级比赛棋

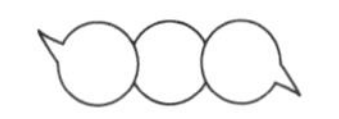

谱的数据库，可以从中提取综合的建议。同时系统还使用了一个大型的残局数据库用来保存已解决的棋局，包括5个棋子的全部棋局和6个棋子的很多棋局，这个数据库扩展了有效搜索的深度，使得“深蓝”在某些情况下表现完美。

“深蓝”的成功强化了一个人们广泛支持的信念：计算机博弈水平的进步主要源自更强有力的硬件，这也是IBM公司所倡导的，但另一方面，“深蓝”的缔造者们还指出搜索的扩展与评价函数也是至关重要的。一些算法改进使得在标准个人计算机上运行的程序能够战胜那些能多搜索1000倍节点的大型并行计算机。2002年，代号为“巴林智力赛”的人与计算机象棋大赛在跌宕起伏的8局过后，世界象棋冠军瓦拉迪米尔·克拉姆尼克(Vladimir Kramnik)与计算机“深奥的德国人”(Deep Fritz)4∶4战平。由于比赛使用的是一台普通的个人计算机，所以条件对人更为有利。在谈到与机器和与人比赛的区别时，克拉姆尼克说：“对付计算机时，你会觉得，哪怕只犯一个错误，就会完蛋，就像穿越雷区，你得时刻提防对方的战术。此外，计算机的反应更快，与计算机的对弈节奏很快，压力更大。”

1999：网络爬虫和网页排名

1. 网络爬虫

搜索引擎是一个根据用户输入数据进行分析并将对应数据呈现给用户的网络查询系统。采用较为实质性的比喻，可将互联网中的信息视为一片大海，用户需要的信息即为大海中的一个小岛，而网页链接就是这些小岛上交互形成的桥梁，既可连通各个小岛，又能保障具体过程中的发展，实现整体发展；而搜索引擎即为地图的绘制者，不仅为用户提供较为详细、完善的大地图，更为用户提供明确桥梁的交会、起点与终点。

1994 年出现了最早的一款搜索引擎 EiNetGalaxy，它是一个综合性程序，主要实现了搜索、浏览的功能，后来基于此技术陆续出现了雅虎、谷歌等搜索引擎。但就实际而言，此类搜索引擎均不是行业内出现的“第一个吃螃蟹的人”。将时间回溯至搜索引擎出现前。在当时的时代背景中，从搜索 FTP 上的文件开始，人们早已开始手动利用爬虫程序搜索网页，后来随着互联网的不断壮大才出现了搜索引擎。在没有搜索引擎、仅手动使用爬虫程序搜索网页的同时，怎样使搜索网页数量更多、时间更短成为当时背景下的研究重点。

随着时代的发展，当时的学者们将网络爬虫作为技术基础，发展出各类搜索引擎模型。可以说，当网络爬虫程序出现后，搜索引擎的需求才真正出现。就实际而言，当时此类爬虫程序作为一种计算机“机器人”（当时尚未存在人工智能的概念），其作用在于能够使搜索任务的速度不断加快，以人类无法实现的速度实现各项搜索功能。这种程序的原理是利用 HTML 文档

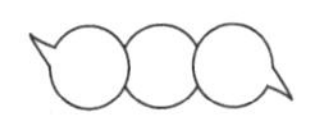

之间的关系，将文档之间的链接作为“桥梁”，实现抓取，并将网页信息纳入系统中进行分析，将分析后的数据置入数据库，便于日后使用时随时抽取、分析。

网络爬虫抓取网页的策略有多种，比较简单的一种是宽度优先策略，其基本思想就是，将新下载网页中包含的链接直接追加到待抓取 URL 队列末尾。实验证明，这种策略看似机械，但实际效果很好，通过这样抓取到的网页基本上是按照网页的重要性排序的。至于能够得到这样好的效果的原因，有研究人员认为，如果有很多网页同时包含到另一个网页的链接，那么这个被链接的网页将更有可能被宽度优先策略尽早地抓到，有理由假设，网页的入链个数在一定程度上可以体现该网页的重要性。

以图 55 为例，使用宽度优先策略的爬虫将依照从 A 到 H 的顺序遍历所有的网页。

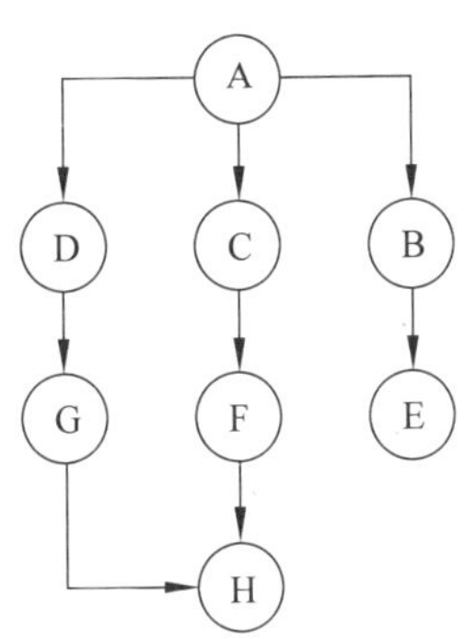

图 55　网络爬虫抓取网页示例

1994 年 7 月 20 日出现的 Lycos 网站，是首个将网络爬虫程序引入搜索引擎索引程序中的网站。引入网络爬虫技术后，直观的优势就是其数据量远胜于同年代中的其他搜索引擎。随后，各类占主导地位的搜索引擎中均有网络爬虫技术的出现。以 Infoseek 为例，1994 年年底，它集成 Yahoo！与 Lycos 的技术理念进行设计，其基础本身并无实质性创新，但其优点在于使用户界面(UI)和附加服务质量得到提升，即使交互性得到大幅度提升的同时，借助附加服务为自身赢得了大量口碑。1995 年 12 月，它与 Netscape 达成协议，使其成为较为强势的搜索引擎之一。1995 年 12 月，Alta Vista 正式上线，作为一类支持高级搜索语法的搜索引擎，其基于网络爬虫技术再度做出创新，将之前所有技术全部整合，解决一系列以往过程中难以解决的问题，将诸如字根处理、关键词检索、布尔逻辑等问题通过技术方式有效解决。自其出现以后，访问人数呈倍数上涨，三个星期内，访问人数由30万攀升至200万。我们现在所熟知的谷歌公司就是基于此类技术实现发展的。说起谷歌公司，它可谓是“站在巨人的肩膀上”。谷歌公司成功将“上网即搜索”的概念普及至各阶段使用计算机的人群中，凭借自身较为出众的各项服务质量在众多搜索引擎之中脱颖而出。至此，现代进程中的网络爬虫技术便基本完善。而谷歌公司又根据网络爬虫技术中的信息抓取思想，成功发明了PageRank技术，下面我们将更加详细地介绍这一项技术。

2. 网页排名

PageRank技术是谷歌公司所实现的网页排名技术，由拉里·佩奇(Larry Page)与谢尔盖·布林(Sergey Brin)于20世纪90年代后期发明，2001年被授予专利。无论当代或是该技术发明前的当时背景下，互联网中存在海量的网页，而网页间存在各个类型的链接，可将网页链接视为一种信任行为，在该网页中出现的其他网页链接，即代表该网页对被链接网页的信任。此类过程中的技术价值与实际关联较为密切，且具体过程中所出现的各类数据亦可实现较为稳定的发展。PageRank技术的起源正基于此类因素。如果一个网页被多个网页所信任，那么就表明其受到的信任程度较高，亦被链接网页所承认。此即为PageRank技术的核心思想。后经过一系列的修改与算法完善，最终形成了较为完善的PageRank技术。

不同于一般英语词汇中的直接翻译，PageRank技术中的Page并不代表网页，而是单纯地指“佩奇”。佩奇是PageRank技术中的等级，作为等级单位，其主要作用在于衡量威望等级、标注重要性，又称为PR值。PR值通过谷歌排名运算法则进行计算，不仅能够标识网页等级实现衡量网站作用，还能够将各类网站予以分辨。在实际操作过程中，相关程序融合Title标识、Keyword标识后能够通过PageRank来调节结果，使PR值中具有重要

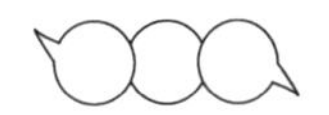

性的网站在搜索结果中提升，提高搜索结果的相关量与质量。PR值共有十个级别，一般而言，若PR为7或以上，即代表其较受欢迎，如PR值为1，则代表该网站受欢迎度较低，在谷歌中的排行亦低于同等类型但PR值更高的网站。谷歌将自己定为10，则说明谷歌本身非常受欢迎，重要度方面亦高于其他网站。

开发PageRank的初衷为针对网页做出客观评价，使基于网络爬虫技术的搜索引擎，能够更实质性地为用户提供与搜索内容相关的网页，而并不是表面链接较多、但实际作用较低的网页。这也是谷歌的出色之处所在。PageRank并不计算直接链接的数量，在程序赋予的一系列算法中，它会将网页作为一类资料进行分析，通俗地解释，即是PageRank将网页A向网页B所链接的行为视为网页A对网页B的一种“投票”，随后统计B网页的得票量，通过各个网页链接“民主选举”出链接较多、实用型较强的网页，评估该网页的重要性。

PageRank技术在发展过程中也出现过很多问题。比如在计算排名的时候，当一个本身网页排名较高的链接权重较大，但实际过程中此类参数依赖于排名过程中所产生的本身排名，计算搜索结果的排名过程中本身即需要此类网页自身排名，容易形成“先有鸡还是先有蛋”的死循环。后来的开发者注意到这样的问题后，采用将问题变为二维矩阵相乘，并使用迭代方式解决此类问题。首先他们假设所有网页的排名相同，随后根据初始值计算出各个网页的第一次迭代排名，后续计算出第二次排名，从而解决此问题。此发展的主要意义在于能够切实保障网页排名的估计值与真实值相符，且实际过程中完全不需要人工干预。

此外，网页数量逐渐增多也使搜索引擎与PageRank技术进一步的发展受到一定的影响，这实际上就是数据复杂度的问题。在数量巨大的网页下，使用之前的二维矩阵方法进行工作时，计算效率会变得越来越低，严重影响实际的浏览体验。随着技术的进一步演化，这类问题也逐渐被解决，技术人员使用稀疏矩阵来记录和计算实际流程中的相关数据,这样可以有效地减少计算量,使排名算法无论从理论还是实际的层面都能够切实达成目标。至此,PageRank 技术得以完成。

在后续过程中,PageRank 技术还经历过数次更新及转变,直至最终取消 PageRank、停止 PR 值的更新。早在 2007 年谷歌就曾对去除 PageRank 功能向用户征求意见,最终不了了之,但经过后续的事态发展,此事件被认为是谷歌首次试图停止更新 PageRank 的尝试。随后在 2009 年,PageRank 进行了大范围的调整,2013 年 12 月 6 日谷歌发布了最后一次更新,随后 John Mueller 在 Google Webmaster Help 论坛表示谷歌没有再更新 PageRank 的计划了,自此 PageRank 停止更新。通过不断地迭代,现在的谷歌搜索引擎较以往而言更为复杂、完善,相关功能也比早期搜索引擎、网络爬虫技术更好,但网页排名的算法仍属于谷歌历史中较为重要的一部分,也是信息抓取技术的重要发展部分之一。在学术界, PageRank 技术被公认为是文献检索中的极大贡献者之一,现阶段仍有大学的信息检索课程中使用 PageRank 技术作为教案。

2002：iRobot公司生产首个家用机器人

1990年，三位麻省理工学院（MIT）毕业的高才生在美国特拉华州创立了一家名为iRobot的公司，他们都曾经为太空和军事领域设计过机器人。很显然，该公司的名字直接来自于著名科幻小说家艾萨克·阿西莫夫的小说《我，机器人》。这家公司一开始为美国的太空探索以及军事防御设计机器人，例如，在1991年开发了Genghis，这是一种专为太空探索而设计的机器人。然后，在1996年开发了Ariel，这是一种能探测并消除地雷的机器人。1998年iRobot公司赢得了DARPA的合同，该合同要求开发一种战术移动机器人，因此iRobot公司开发了iRobotPackBot，值得一提的是，2001年“911”恐怖袭击之后，在美国世贸中心进行搜索工作的正是iRobotPackBot机器人。

2002年9月，iRobot推出了其标志性的Roomba机器人产品线（图56），这是世界上首个家用机器人。所有Roomba型号均为圆盘形，直径34厘米（13英寸），高度不到9厘米（3.5英寸）。大型接触感应机械保险杠安装在设备的前半部分，顶部前部中心有一个全向红外传感器。大多数单元的顶部都装有一个嵌入式提手（截至2016年，已有七代Roomba单元：第一代原装系列，第二代400系列和Discovery系列，第三代专业和500系列，第四代600系列，第五代700系列，第六代800系列和第七代980型号），所有型号都有一对刷子，朝相反方向旋转，从地板上拾取碎屑。在大多数模型中，刷子后面是刮刀真空，它引导气流通过狭窄的狭缝以提高其速度，从而收集细小的灰尘。装置右侧的水平安装的“侧面旋转器”刷子扫过墙壁，以触及主刷和真空无法触及的碎屑。在第一代机器人中,脏空气在到达过滤器之前通过风扇,而后来的型号使用风扇旁路真空。Roomba 由可拆卸的镍氢电池供电,必须使用墙上电源适配器充电。较新的第二代和第三代型号具有自充电基座,该装置通过红外信标在清洁会话结束时自动寻找。在主基上充电大约需要三小时。Roomba 底部有四个红外"悬崖传感器",可以防止它掉落在楼梯间或进入黑色地毯区域。大多数第二代和第三代型号都具有内部基于声学的污垢传感器,可以检测特别脏点并相应地聚焦在这些区域上。第四代型号的光学传感器位于真空箱的前面,可以检测更宽和更小的脏乱环境。许多第二代和第三代 Roombas 都配有红外遥控器,允许操作人员将机器人"驱动"到需要特别清洁的区域。一些高端的 500、700 和 800 系列机器人与虚拟墙兼容,后者使用无线电信号进行通信。这些更先进的配件将 Roomba 限制在要清洁的固定区域,但允许机器人稍后进入下一个需要清洁的空间。500 系列机器人有几种类型的灰尘和碎屑收集箱。标准真空箱包含刮刀真空吸尘器。高容量清扫箱不包括真空,但具有更大的碎屑容量。气动箱引导抽吸气流通过主刷而不是使用刮刀,这被认为可以使刷子更清洁。

图 56 iRobot 公司的 Roomba 机器人

所有 Roomba 型号都可以通过手动将它们带到要清洁的房间并按下按

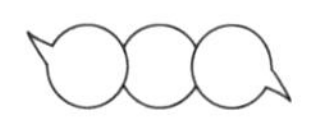

钮来操作。后来的模型引入了几种额外的操作模式："清洁"模式是正常的清洁程序，从螺旋状开始然后跟随墙壁，直到房间被确定为清洁；"Spot"模式使用向外向内螺旋清洁小区域；"Max"模式运行标准清洁算法，直到电池耗尽；第三代推出的"Dock"模式指示机器人寻找充电基座进行充电。模式的可用性因型号而异。机器人的保险杠允许它感知何时撞到障碍物，之后它将反转或改变路径。第三代和第四代比以前的型号移动速度更快，具有额外的前视红外传感器来检测障碍物。当靠近障碍物时，能够减慢机器人的速度，以减少其撞击力。该技术还能够区分软屏障和固体屏障。经过足够的时间清洁或电池耗尽后，Roomba 将搜索并停靠基座，或停在原地。清洁时间取决于房间大小、对于配备污垢传感器的型号、污垢量。第一代模型必须告知房间大小，而第二代和第三代模型通过测量它们可以执行的最长直线运行来估计房间大小而不会碰到物体。完成清洁后，或当电池即将耗尽时，第二代或第三代 Roomba 将尝试返回基座。第二代 Roomba 也可以与调度器配件一起使用，允许清洁工作在一天的什么时间和所有者期望的一周的第几天开始。大多数 500 系列机器人都支持通过设备本身的按钮进行调度，而高端型号允许使用远程程序进行计划。早期的 Roomba 没有规划它们正在打扫的房间。iRobot 开发了一种名为 iAdapt 响应式清洁的技术。Roomba 的工作依靠一些简单的算法，例如螺旋清洁（螺旋式）算法、房间穿越算法以及撞到物体的应对算法。该设计基于麻省理工学院的研究员和 iRobot 首席技术官罗德尼·布鲁克斯"机器人应该像昆虫一样"的理念，配备了适应环境的简单控制机制。结果是，尽管 Roomba 在清洁房间方面很有效，但它们的工作时间比人类要长几倍。Roomba 可能会多次覆盖某些区域，其他区域只会覆盖一次或两次。

Roomba 的诞生标志着人工智能终于从高大上的太空探索和军事实验这些领域跳出来进入平常百姓家，也标志着智能机器人技术进入了一个新的时代。很显然，这种家用机器人能把人们从日常琐碎的家务中解放出来，进而去做更有意义、更能促进社会发展的事情。从 2002 年到如今，已经快有 20 年的光阴了，我们也能看到越来越多、越来越智能的机器人进入到我们的日常生活之中。事实上，根据联合国欧洲经济委员会（UNECE）的统计，截至 2003 年末，有 60.7 万台家用机器人走进了百姓的生活。在这些机器人中，93.9%是真空吸尘器机器人，6.1%是除草机器人。同时，该报告还做出估计，四年之后会有 4100 万台家用机器人成为人们的好帮手。该报告指出，真空吸尘器类机器人将占绝大多数，而泳池清洗机器人、窗户清洁机器人也会持续增长。日本是商用机器人程度最高的国家，欧洲和北美紧随其后。

按照应用场景的分类，家用机器人可以被分为以下几个类别：电器机器人、娱乐机器人、厨师机器人、搬运机器人、助理机器人和类人机器人。电器机器人就是自动化的电器，比如上文介绍的 Roomba 机器人、除草机器人、清洁机器人等。娱乐机器人主要用于娱乐和教育目的，这方面日本做得比较好，有代表性的就是 Sony 公司的 Aibo 机器狗，从 1999 年第一代 Aibo 机器狗到 2018 年 Sony 再次推出 Aibo 产品，足可见这款产品的生命力之强。厨师机器人是指能帮助人们做饭的机器人，比如在上海世博会上就有一个名叫“爱可”的烹饪机器人亮相。这个机器人外形接近一个冰箱，但同时也有着拟人化的五官。“爱可”机器人可以烹饪 24 种菜肴，让人印象深刻。搬运类机器人可以帮助人们搬运重物，最具代表性的是法国研发的 Nao 机器人。助理机器人相比其他的机器人更倾向于软件方面，它们可以栖身在各种不同的设备中，通过语音和摄像头与人类进行互动，并按照指令做一些诸如下订单、开关电器之类的任务。类人类机器人相对来说还比较遥远，其主要目的就是模仿人类进行交互，具有代表性的产品是 Sony 的 QRIO 机器人。与我们生活更近的还有海底捞最近推出的机器人服务员，它们负责洗菜、配菜、传菜甚至是酒水的配送以及提供等位服务，也就是说，海底捞无人餐厅的一条

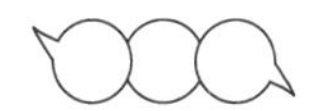

龙服务基本都可以由机器人来完成。

可以看到机器人技术真的不再是科幻小说那样虚无缥缈了，我们看得见、摸得着，切切实实地享受着它们带来的便利。而这个领域的发展还才刚刚开始，随着人工智能技术的进一步成熟，机器人带给我们的将不只是便利，还会对我们的社会产生更加深刻和深远的影响。

2005：仿生机器人“大狗”

“大狗”(Big Dog)是由美国波士顿动力公司(Boston Dynamics)于2005年联合福斯特米勒(Foster-Miller)、美国宇航局喷气推进实验室(NASA Jet Propulsion Laboratory，JPL)和哈佛大学制造的四足军用机器人(图57)。

图57　2007年参加DARPA策略计划时的“大狗”机器人

波士顿动力是美国一家机器人设计公司，1992年由麻省理工学院建立，其总部位于马萨诸塞州的沃尔瑟姆(Waltham)。该公司诞生初期就从海军空战中心训练系统部门(Naval Air Warfare Center Training Systems Division，NAWCTSD)拿到了与美国系统公司(American Systems Corporation)合作的合同，使用具有DI-Guy角色的交互式3D计算机模拟软

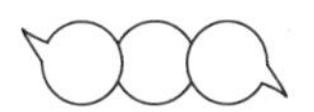

件替换原本飞机发射操作的海军训练视频。波士顿动力公司是机器人领域的先驱，是该领域最先进的公司之一。

“大狗”项目由马丁·彼埃勒(Martin Buehler)博士领导，他于2012年获得了机器人工业协会的Joseph F. Engelberger奖。马丁·彼埃勒博士曾担任麦吉尔大学(McGill University)[①]的教授，领导机器人实验室，开发四足步行和跑步机器人。

“大狗”机器人由美国国防高级研究计划局(DARPA)资助，希望它能够在不利于传统车辆行驶的极端地面环境中作为士兵的屋子运输工具。因此，“大狗”机器人摒弃了传统机器人的轮式或踏板式设计，转而使用四足设计，使其能够通过可能会损坏车轮的表面。“大狗”机器人的腿部装载有各种传感器，包括各个关节处和与地面直接接触的部分。“大狗”机器人的主体部分还配备有激光陀螺仪以及立体视觉系统。

“大狗”机器人长3英尺(约为0.91米)、高2.5英尺(约为0.76米)、重240磅(约为108千克)，体型大致相当于一头小骡子。它能够穿越困难的地形，以每小时4英里(约为6.4km/h)的速度行驶，载重340磅(约为154千克)，并且可以攀爬35°的斜坡。“大狗”机器人的运动逻辑由车载计算机控制，该计算机接收来自机器人各种传感器的输入，导航和平衡也由这个控制系统管理。

“大狗”机器人的行走步态模式通过四条腿控制，每条腿配备四个低摩擦液压缸执行器，为关节提供动力，同时也让“大狗”机器人执行尺度变化较大的动作成为可能。它可以站起来，坐下来，一步一步地抬起一条腿走路，走路时小腿斜抬起来，甚至小跑也不在话下。“大狗”机器人的行驶速度从0.2m/s的爬行速度到1.6m/s的小跑速度不等。

“大狗”机器人上大约有50个传感器。它们用来测量机身的姿态和加速度、关节执行器的运动和受力，以及机器人内部发动机内的发动机转速、温

---

① 麦吉尔大学，简称麦大，位于加拿大蒙特利尔。——编辑注

度和液压。底层控制(例如关节的位置和受力),以及在运动期间的高速控制(例如速度和高度),都是通过车载计算机来控制。

2008年3月23日,波士顿动力公司发布了新一代"大狗"机器人——Alpha Dog的视频。这段视频展示了Alpha Dog在冰冷的地形上行走,并在受到侧面推踢时恢复平衡的能力。2012年2月,随着DARPA的进一步支持,"大狗"机器人基于军事化腿部支撑系统(LS3)的变体,在崎岖地形上徒步行进时展示了其强大的能力。

从2012年夏天开始,DARPA计划在18个月内完成该系统的整体开发并完善其关键能力,作为战斗人员在战区投入使用之前展示其对战士的实战价值。"大狗"机器人必须要展示其在24小时内、承载400磅(约为181千克)的载荷且无须加油的情况下完成20英里(约为32千米)长途跋涉的能力。

然而,到2015年12月底,"大狗"机器人项目已停止。该项目停止的原因却与它的性能无关,尽管人们希望有朝一日它可以作为现场美国士兵的骡子,但是以燃气为动力的发动机在战斗中太嘈杂了,不适合用来在战场上隐秘地运送物资。波士顿动力公司另一个名为Spot的全电动机器人的类似项目更安静,但只能携带40磅(约为18千克)载荷。

作为机器人领域技术力最强的公司之一,波士顿动力公司还开发了许多不同种类的机器人。除了"大狗"机器人,多足机器人包括Wild Cat、Legged Squad Support Systems、Spot、Spot Mini,此外,还有轮式或踏板式机器人Sand Flea、RHEX、Handle,以及双足类人机器人Atlas。其中,最著名的是该公司于2013年推出的双足类人机器人Atlas(图58)。

Atlas是一个身高1.8米的双足类人机器人,专为各种搜索和救援任务而设计,由美国国防高级研究计划局(DARPA)提供资金和监督。其中一个机器人的手由桑迪亚国家实验室(Sandia National Laboratories)开发,而另一个由iRobot开发。2013年,DARPA项目经理Gill Pratt将Atlas的原型

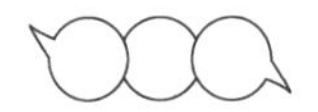

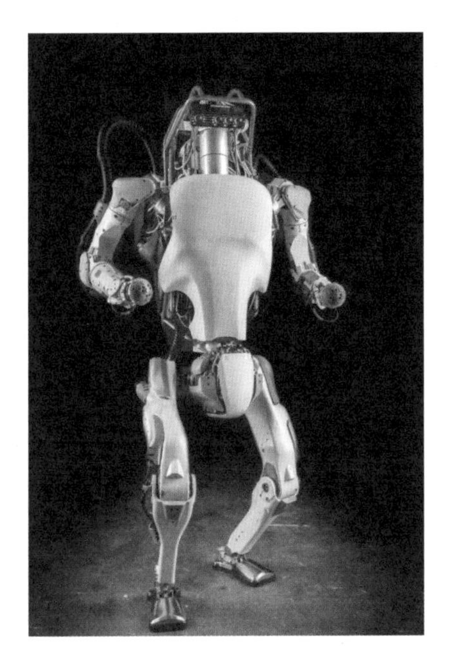

图 58　Atlas 机器人

版本比作一个小孩子，称“一个一岁的孩子刚刚会走路，也经常会摔跤……这就是我们的机器人现在的状态。”

纽约时报称，它的首次亮相是“计算机如何开始在物理世界中发展并在物理世界中活动”的一个典型案例，将机器人描述为“巨人——虽然不稳定——迈向人形机器人的时代”。人工智能专家 Gary Bradski 则宣称“一种新物种——Robo-Sapiens 正在兴起”。

Atlas 基于波士顿动力公司早期的 PETMAN 仿人机器人，并有四个液压驱动的肢体，身体的材质主要是铝和钛，身高约为 1.8 米，重约为 150 千克，并用蓝色 LED 作为主视觉色调。Atlas 配备了两套视觉系统——激光测距仪和立体摄像机，均由远程计算机控制——并具有执行精细动作能力的双手，四肢共有 28 个可自由活动的关节。尽管 Atlas 刚发布时，其原型版本还被束缚在外部电源上，但已经可以使用其手臂和腿在崎岖的地形中导航并独立执行诸如攀爬之类的复杂动作。

2016 年 2 月 23 日，波士顿动力公司在 YouTube 上发布了新版 Atlas 机器人的视频。新版 Atlas 的设计兼顾了室内场景和室外环境的活动。波士顿动力公司为它专门优化了移动操作，使得新版 Atlas 机器人非常适合在各种地形上行走，甚至是雪地。新版 Atlas 机器人采用电动和液压驱动，身体和腿部使用传感器来平衡，头部使用激光雷达和立体感应器来避开障碍物，评估地形，帮助导航和操纵物体，即使面对运动中的物体也可以躲避。

其后，波士顿动力公司又发布了一系列 Atlas 机器人的新进展。

2017 年 11 月 16 日，波士顿动力公司在 YouTube 发布了 Atlas 机器人的新视频。在这个视频中，Atlas 展示了从平地跳跃到箱子上，以及完成 180°的后空翻，震惊了业界。

在 2018 年 5 月 10 日更新的视频中，展示了 Atlas 机器人在不平坦的地形上穿过草地，并跳过横放在草地上的圆木桩。

2018 年 10 月 12 日，波士顿动力公司向公众展示了 Atlas 机器人在不同箱子之间跑步的视频。

2005：推荐系统的商业价值

随着我们周围的各种各样的商品、资讯、文章越来越多，我们不再面临过去那样信息不够用的问题。相反，当前我们所面临的信息过载是十分严重的。在浩如烟海的各种资讯流中，如何才能获得我们真正感兴趣的资讯？在琳琅满目的商品中，如何买到我们真正需要的商品？另一方面，用户的需求也不像过去那样单一，挑选出一部分精选产品已经不能满足大多数人的需求。不同个性的人理应需要不同的产品。这些场景提出了推荐系统这样一种需求。简单来说，推荐系统又称为个性化推荐系统，它会基于用户的行为或者商品的数据，按照某种算法为用户推荐在当前场景中符合其需求的产品。推荐系统有多种表现形式，主要形式有：推荐系统根据客户提出的要求输出结果；推荐系统根据客户已经或可能感兴趣的物品推荐新的物品；推荐系统针对某一商品向客户推荐评价信息。

虽然推荐系统这个名词可能最近才比较火，但这项技术的应用其实很早就开始了。2005 年阿多马维修斯和亚历山大写了一篇综述，题目名为 *Toward the Next Generation of Recommender Systems：A Survey of the State-of-the-Art and Possible Extensions*。这篇综述对过去推荐系统的研究进行了总结。该综述指出，从 20 世纪 90 年代中期出现第一篇关于协同过滤的论文以来，在 2005 年之前的十年中，业界和学术界在开发推荐系统的新方法方面做了大量工作。截至 2005 年，学术界依然有很多研究者活跃在这一领域。因为这一领域有着丰富的现实应用场景，具有很大的商业价值。当时的推荐系统主要采取这几样技术：机器学习、近似理论和各种启发式的方法。推荐系统采用许多不同的方式估计未评级项目的新评级。推荐系统通常根据其评级评估方法进行分类。此外，推荐系统根据建议的方式又可以分为如下三类。

1. 以内容为基础的推荐系统

以内容为基础的推荐系统受到与推荐对象关联的特征的限制。因此，为了获得足够的特征，内容必须是可以由计算机自动解析的形式（例如，文本）构成，或者由人来手工为项目分配特征。虽然在文本领域自动特征提取已经取得了一些成功，但是其他领域依然存在很多问题，例如，图像、声音、视频等多媒体数据的特征提取存在很大的阻碍；而且由于时间和精力的限制，手工分配特征通常是不切实际的。基于内容推荐的另一个问题是，如果两个不同的项目由同一组特征表示，则它们是无法区分的。因此，由于基于文本的文档通常由最重要的关键字表示，因此如果两篇文章碰巧使用相同的术语，则基于内容的系统无法区分写得好的文章和写得不好的文章。

2. 基于协同建议的推荐系统

基于协同建议的推荐系统克服了以内容为基础的推荐系统的一些缺点。特别是，由于协同系统使用其他用户的推荐（评级），它们可以处理任何类型的内容，对任何新项目做出推荐，甚至可以对先前用户完全没看见过的项目进行推荐。然而，协同推荐系统有其自身的局限性。为了保证推荐的准确性，推荐系统仍然需要根据用户的历史数据进行学习。同时还存在新项目的问题，协同系统完全依赖用户的偏好来提出建议。因此，在新项目被大量用户评定之前，推荐系统将无法推荐它。

3. 混合方法：基于上述两种系统的结合

混合方法在以内容为基础的同时，对每个用户绘制出一个用户画像，然

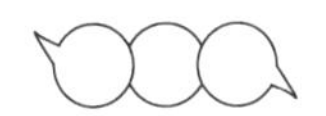

后通过这些用户画像来计算两个用户之间的相似性，再基于计算出来的相似性进行推荐，这样做可以克服先前介绍的纯粹协同系统中某些与“稀疏性”相关的问题。还有一类混合方法向基于内容的模型中加入了“协同特征”，然后通过协同特征进行数据降维，这样做可以起到减少数据量的作用（图 59）。

图 59　推荐系统

推荐系统的主要目的是增加产品的销量。推荐系统让其推荐的物品引起消费者注意，从而增加商家的销量。为了让商家的销售业务尽量多元化，推荐系统有着如下的技术目标。

（1）相关性：推荐系统最应该向用户推荐那些与用户当前需求息息相关的产品。虽然这一点是最重要的目标，但它并不足以孤立。因此，我们讨论下面的几个重要性相对低一些的目标。

（2）新颖性：当推荐项目是用户过去没见过的东西时，推荐系统真的很有帮助。例如，优选类型的流行电影对用户来说很少是新颖的。对流行商品的反复推荐也会导致销售多样性的减少。

（3）意外推荐：一个相关的概念是意外推荐，推荐系统能给出出人意料的推荐。例如，如果一家新的印度餐馆在附近开业，那么该餐馆向通常吃印度食品的用户的推荐是新颖的，但不一定是偶然的。另一方面，当同一用户被推荐埃塞俄比亚食品，并且用户不知道这样的食物可能对他有吸引力时，那么推荐是偶然的。意外推荐具有增加销售多样性或开始对用户感兴趣的新趋势的有益副作用。增加意外发现通常会给商家带来长期和战略上的好处,因为有可能让用户发现全新的兴趣领域。另一方面,提供偶然推荐的算法往往倾向于推荐不相关的项目。在许多情况下,偶然方法的长期和战略利益超过了这些短期劣势。

(4) 增加推荐多样性:推荐系统通常建议一系列的前 n 项。假设这 n 种商品的相似度非常高,那么用户有很大的可能会忽略掉这一批所有的推荐。因此保持一定的多样性也是很有必要的。

除了上述目标之外,推荐系统还建立了商家和用户协同进化的桥梁。让这两者之间可以产生良性的互动,不断改进销售和购买体验。最后,向用户提供对推荐特定项目的原因的解释通常是有用的。例如,在网飞中,提供推荐先前观看的电影。某些推荐系统不直接推荐产品,它们可能会推荐社交关系,通过增加其可用性和广告利润,为网站带来间接利益。为了理解这些目标的性质,我们将讨论一些历史和当前推荐系统的流行示例。这些例子还将展示推荐系统的广泛多样性,这些系统既可以作为研究原型构建,也可以作为各种问题设置中的商业系统使用。

下面以亚马逊和网飞为例来介绍推荐系统在实际业务中的应用。

亚马逊的推荐系统已经存在了 20 年左右。1998 年,亚马逊推出了一种基于能够处理百万级别商品的协同过滤系统,并以前所未有的规模为数百万客户提供服务。亚马逊为每位顾客建立了各自的个性化商城,它会根据用户的兴趣生成个性化推荐,每个人登录亚马逊之后看到的页面都不一样。2003 年,亚马逊在 *IEEE Internet Computing* 上面公开了该算法。该算法的第一步是搜索其他用户以查找具有相似兴趣的人(例如类似的购买模式),然后查看类似用户找到的和当前用户未找到的内容。不同之处在于该算法首先查找目录中每个项目的相关产品。“相关”一词可以有多种含义,但在这里只是将其定义为“购买某商品的人很可能会购买另一种商品”。因

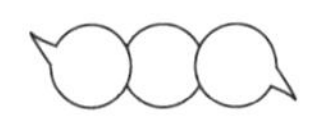

此，对于每个项目 i1，要找的项目 i2 应该是购买 i1 的购买频率非常高的项目。一旦建立了相关的产品列表，就可以快速生成推荐的产品以供进一步的用户查询。对于每个项目，它与客户的当前数据和以前的兴趣点相关。算法查找与其相关的项目，将它们组合以生成最可能感兴趣的项目，并过滤掉已经看过或购买过的项目，然后将保留的项目推荐给用户。与旧的基于用户的协同过滤相比，该算法具有许多优点。最重要的一点是，大多数计算都是离线完成的——包括相关项目的批量构建，建议的计算步骤可以实时完成一系列查找。这些建议不仅质量高，而且有用，特别是在给出足够的数据时。即使使用过去 20 年提出的算法，在建议的感知质量方面仍然存在足够的竞争。该算法可以扩展到数千万个项目和数亿用户，而无须采样或其他降低建议质量的技术。它会立即更新有关个人兴趣的新信息。最后，直观地，推荐系统可以解释为基于顾客放置在购物车中的物品列表的推荐。许多其他网站也使用此算法。据报道，2010 年，YouTube 将其用于视频推荐。许多开源代码和第三方供应商也包括这种算法，该算法广泛用于在线零售、旅游、新闻、广告和其他领域。在接下来的几年中，推荐系统被亚马逊广泛使用。微软公司的一份研究报告估计，亚马逊 30%的页面浏览量来自推荐系统。同样，网飞公司在推荐系统中也得到了广泛的应用，其首席产品官 Neil Hunt 表示，通过推荐系统可以看到网飞上 80%以上的用户，而推荐系统产生的价值超过每年十亿美元。当亚马逊第一次开发基于项目的协同过滤算法时，亚马逊的官方网站主要是书店。从那时起，亚马逊的销售额增长了 100 多倍，销售范围不仅限于书籍，而是扩展到非媒体产品，如笔记本电脑、女装等。

网飞作为电影和电视节目的邮购数字视频光盘（DVD）租赁公司成立，最终扩展到流媒体交付。目前，网飞公司的主要业务是在订阅基础上提供电影和电视节目的流式传输。网飞公司允许用户对电影和电视节目进行 5 星分级。此外，网飞公司还存储用户在观看各种项目方面的操作。然后，网飞公司使用这些评级和操作来提出建议。网飞公司在为推荐项目提供解释方面做得非常出色。它明确地提供了基于用户观察到的特定项目的建议示例。这些信息为用户提供了额外的信息来决定是否观看特定的电影。提供有意义的解释对于让用户了解他们为什么会觉得某部电影有趣很重要。这种方法还使用户更容易根据建议采取行动,并真正改善用户体验。这种有趣的方法还可以帮助提高客户忠诚度和保持率。此外,网飞公司在网飞大奖赛中为研究界做出了巨大贡献。该比赛旨在为参赛者贡献的各种协同过滤算法之间的竞争提供一个论坛,发布了一组网飞电影资料,其任务是预测特定用户项目组合的评级。为此,网飞公司提供了一个培训数据集和一个合格的数据集。其中,培训数据集包含 100 480 507 个评分,480 189 名用户给 17 770 部电影评分。训练集包含一个较小的探针集,包含 1 408 395 个评分。探针集基于比剩余训练数据更新的评分,并且在统计上与隐藏评分的数据集部分相似。数据集的这一部分称为限定数据集,它包含超过 2 817 131 个三元组(用户、电影、成绩日期)。三元组不包含实际评级,只有评委才知道。用户需要基于训练数据的模型来预测合格数据集中的评级。该预测由评委(或等效的自动化系统)评分,并且用户(连续地)仅在领导者板上设置的一半合格数据上通知预测结果。这一半合格数据集称为测验集。剩下的一半用作计算最终得分和确定获奖者的测试集。另外,剩下的一半的分数直到最后才向用户透露。此外,没有向参赛者透露资格赛中哪些“三胞胎”(数据集中的一个类别)属于测验集,哪些属于测试集。在测试集上进行这种不寻常安排的原因是为了确保用户不会利用排行榜上的分数来将他们的算法过度拟合到测试集。实际上,网飞公司处理参赛者参赛作品的框架是推荐算法正确评估设计的一个很好的例子。探针组、测验集和测试集的设计具有类似的统计特征。奖项的基础是网飞公司自己的推荐算法的改进,或者通过某个阈值改善之前的最佳得分。许多著名的推荐算法,如潜在因素模型,都在网飞大奖赛中获得推广。

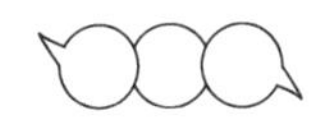

虽然推荐系统有着不短的历史，但其实它在我们现在的生活中焕发出了比以往更大的活力。比如我们都知道的“今日头条”这个App。它是一款主打新闻推送的App，但是这个领域早就有数不清的App和服务在做了，那么为什么今日头条能成功呢？原因很简单，它将推荐算法和人工智能结合起来，让人们接收到的新闻推送就是自己真正感兴趣的内容。不只是今日头条，我们耳熟能详的还有网易云音乐的每日推送、淘宝的猜你喜欢，等等，这些都是将当前先进的人工智能技术和推荐系统结合得非常成功的例子。这些还只是冰山一角，在人工智能的支持下，推荐系统一定能带给我们更多惊喜。

2006：近代人工智能的转折点——深度置信网络

近代人工智能的代表无疑是深度学习(Deep Learning)，而深度学习的起点是2006年杰弗里·辛顿(Geoffrey Hinton)提出的深度置信网络(Deep Belief Network,DBN)的概念，它打破了传统神经网络发展的瓶颈，使得深层网络的训练成为可能(图60)。

图60　杰弗里·辛顿

在深度置信网络的概念提出之前，人工神经网络(Artificial Neural Network)的发展一度陷入了前所未有的低谷，其根本原因是人们发现这样一个现象："在神经网络层数增加时，反向传播算法(Backpropagation Algorithm,BP)不能很好地训练神经网络模型"。

反向传播算法(BP算法)虽然能够被用于训练神经网络，但它带来的最严重的问题是：基于局部梯度下降对神经网络权值进行更新调整的方法容易出现"梯度弥散"(Gradient Diffusion)的现象。什么是梯度弥散呢？它又称为梯度消失(Gradient Vanishing)，指的是在神经网络训练过程中，在一定

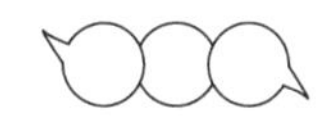

的迭代次数后，对非凸目标损失函数(Loss Function)求解的梯度值变为接近 0 的极小值，梯度值为 0 意味着网络的更新将会停滞，使得网络陷入局部极值，而不是全局的最优。而且这种现象会随着网络层数的增加，变得越来越严重，这也就使得在当时无法训练深层网络。

这种发展停滞的状态终于在 2006 年被打破。2006 年，加拿大多伦多大学的杰弗里·辛顿教授提出了深度置信网络 DBN，这也是首次给出了深度学习的概念，以及对传统模型训练方法进行了改进，这使得传统神经网络发展的瓶颈被打破。

杰弗里·辛顿教授及其团队在世界顶级学术期刊《科学》上提出了深度置信网络的概念，具体可以阐述为以下两个重要观点：第一个观点是多层人工神经网络模型有很强的特征学习能力，而通过深度学习模型得到的抽象特征对原始数据有更本质的代表和解释能力，这将大大便于分类和可视化问题；第二个观点是针对深度神经网络很难训练以达到最优状态的问题，这个问题可以通过采用逐层训练的方式得以解决。将下层训练过程中的初始化参数设置为上一层训练好的结果。在他们的论文中，深度模型的训练过程中的逐层初始化就是采用了无监督学习的方式。

首先，我们简单介绍一下深度置信网络的概念。深度置信网络实际上是一种生成图模型(Generative Graphical Model)(图 61)，它具有多个隐藏层结构。如图 61 所示，这是一个具有三个隐藏层结构的深度置信网络，该网络由三个有限玻尔兹曼机(Restricted Boltzmann Machine，RBM)单元堆叠而成，其中的有限玻尔兹曼机一共有两层，上面的一层为隐藏层，下面的一层为显式层。在有限玻尔兹曼机进行堆叠组成一个深度网络时，前一个有限玻尔兹曼机的输出层(隐藏层)就作为了下一个有限玻尔兹曼机的输入层(显式层)，如此一来，依次地进行堆叠，便构成了基本的深度置信网络结构，最后再添加一层额外的输出层，这就是一个完整的深度置信网络的深度神经网络结构。

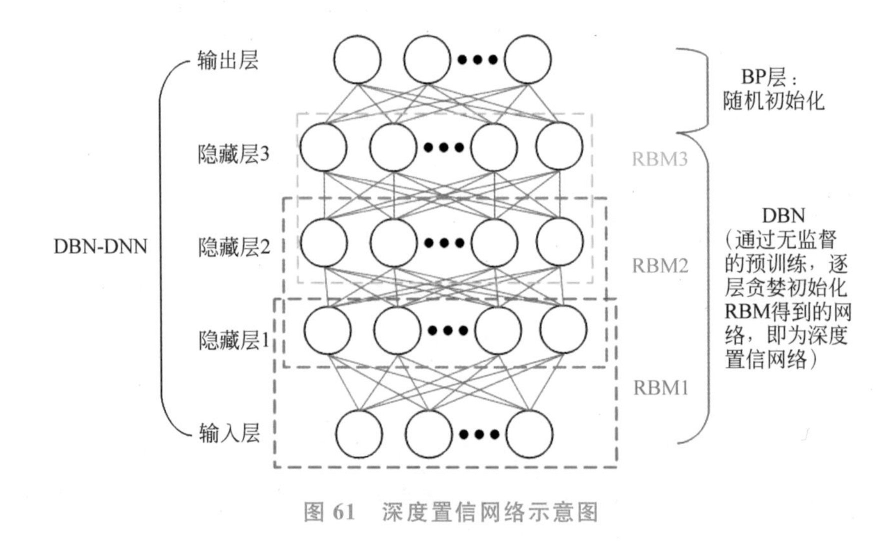

图 61　深度置信网络示意图

那么什么是有限玻尔兹曼机呢？有限玻尔兹曼机是一种具有随机性的生成神经网络结构，它本质上是由具有随机性的一层显式（可见）神经元和一层隐藏神经元组成的无向图模型，如图 62 所示。

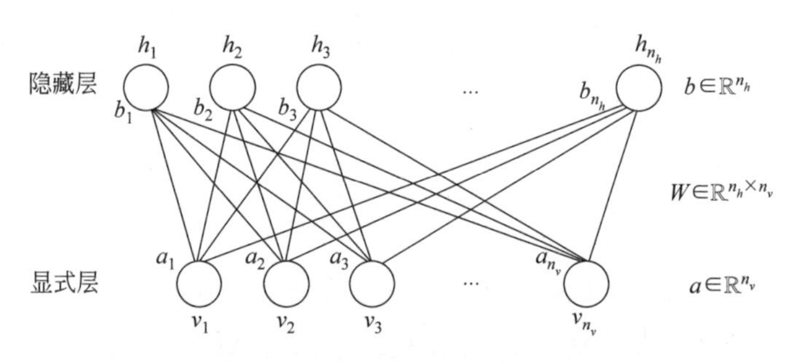

图 62　有限玻尔兹曼机示意图

只有隐藏层和显式层的神经元之间才有连接，而隐藏层的神经元和显式层的神经元之间是没有连接的。并且，隐藏层神经元通常使用二进制，且服从伯努利分布（Bernoulli distribution），显式层的神经元可以根据输入的数值类型选择是使用二进制还是实数数值类型。

进一步的介绍，根据显式层（v）和隐藏层（h）的取值不同，可以将有限玻

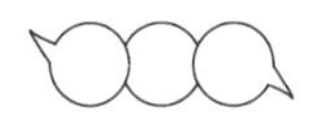

尔兹曼机分成几个大类。当显式层和隐藏层都符合二值分布时，这种网络称为伯努利-伯努利有限玻尔兹曼机（Bernoulli-Bernoulli RBM）；当显式层是实数而隐藏层是二进制取值时，这种网络被称为高斯-伯努利有限玻尔兹曼机（Gaussian-Bernoulli RBM）。通过有限玻尔兹曼机的堆叠，可以得到两种模型，其中一种就是深度置信网络 DBN，另一种则称为深度玻尔兹曼机（Deep Boltzmann Machine，DBM）（图 63）。

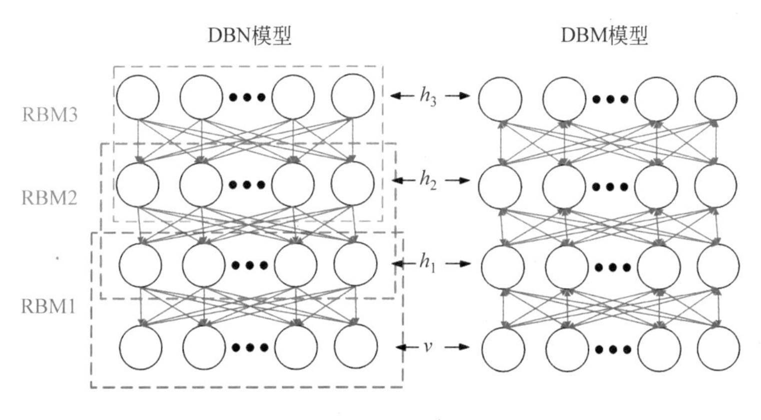

图 63　深度置信网络与深度玻尔兹曼机

从最初的感知机模型，到人工神经网络的发展，再到深度学习概念的提出，近代人工智能可谓是经历了重重坎坷。直到 2006 年，杰弗里·辛顿提出深度置信网络 DBN 的概念，提出了能够训练深层网络模型的非监督贪心逐层训练的算法，神经网络模型在各个领域的应用效果才取得了突破性的进展，也重新燃起了人工智能领域对于神经网络模型的研究热情，自此，近代人工智能的命运被改写，一股深度学习的研究热浪就此展开。

就目前的最新研究成果来看，大数据和深度学习似乎存在着相辅相成的关系，只要数据规模足够大、隐藏层数足够深，那么即便不增加预训练处理（Pre-Training），深度学习模型也可以取得很好的结果。或许更恰当的说法是，为了能够包容更多的数据信息，深度学习才应运而生，同时更大的数据规模又让模型的表达能力更强，二者是相互影响、相辅相成的。

在深度置信网络之后，杰弗里·辛顿又提出了多层自编码器(AutoEncoder)的深层结构。与此同时，LeCun等人也提出了卷积神经网络(Convolutional Neural Networks，CNN)，深度学习发展就此如火如荼地展开了，这股热浪也一直延续到了今天。

2008：语音识别系统与手机语音助手

人工智能技术发展至今，语音识别是对我们日常生活影响最大、与实际生活场景结合最紧密的技术，因为语音识别的便捷、高效和准确，给我们的生活带来了极大的便利。

现在各大手机厂商都将语音识别系统集成到手机系统中，并以此为一大卖点，其中最著名的当属苹果公司各种产品上的Siri语音助手。苹果公司自2008年起就将语音识别系统集成到了它们的手机上，用于辅助用户完成一些常见的操作，比如信息输入、拨打电话等，给用户提供了极大的便利。

语音识别（Automatic Speech Recognition，ASR）作为一门交叉学科（图64），近二十年来，取得了显著的进步，从各大实验室成果完成了技术转化，落地到实际应用上，走向市场，为工业、家电、通信、交通、医疗、消费等领域提供服务。语音识别技术在一些领域的应用被美国新闻界评为1997年计算机发展十件大事之一。很多研究学者认为，语音识别技术是21世纪前十年间信息技术领域的十大重要科技发展之一，足见其对信息技术发展的贡献之大。

图64　语音识别示意图

与机器进行流畅的言语交谈，让机器听懂你说的是什么，是研究学者长久以来的梦想。1952 年，贝尔实验室的戴维斯(Davis)等人发布了世界上首个能识别 10 个英文数字发音的系统 Audrey，其识别准确率能达到 98%。这是首个能将人类的发音正确识别的语音识别成果，虽然只有 10 个英文数字，但开创了语音识别的先河。随后在 1960 年，来自英国伦敦学院的德内斯(Denes)等人将语法概率和人工神经网络引入到语音识别中，发布了第一个计算机语音识别系统。

20 世纪 80 年代，连接词的语音识别是整个语音识别研究中的重点，各种识别算法被开发出来，以解决这个现在看起来很简单的问题。另一个重要的发展是，基于统计的语音识别技术占据研究的主流，而基于模板匹配的规则方法逐渐被摈弃。研究学者更多从统计角度建立最佳语音识别系统，而不是追求语音特征的细化。这其中以隐马尔可夫模型(Hidden Markov Model，HMM)最为典型，它可以描述语音信号的时变和平稳性。基于大词汇量的连续语音识别系统也得益于 HMM 而被广泛应用。在 20 世纪 80 年代中期，人工神经网络模型也因为其强大的学习能力被结合到语音识别系统中。1988 年，李开复等人使用矢量量化和隐马尔可夫模型实现了世界上第一个高性能、非特异性、大词汇量、连续语音识别系统。这个具有 997 个词汇的非特异性连续语音识别系统 SPHINX，被誉为语音识别史上的里程碑。

20 世纪 90 年代以后，人工神经网络算法成为一种新的语音识别方式。它具有容错性、并行性、自学习性、鲁棒性、自适应性和非线性等特点。此时，语音识别技术在模型的细节设计、特征自动化提取和模型性能优化等方面进一步成熟，语音识别系统越来越多地走向落地应用，为人类带来巨大的便利。

随着语音识别一步步走向实用，中文语言识别的研究也越来越成熟。中国科学院自动化研究所开发了一个识别准确率和响应成功率超过 90%的中文语音识别、人机对话系统。这个系统能很好地识别非特定人的连续语音。1997 年，IBM 公司正式推出了一个具有代表性的中文连续语音识别系

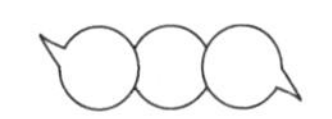

统——ViaVoice，该系统具有很高的新闻语音识别精度，是国外机构对于中文语音识别的代表作。

模式匹配原理是目前大多数的语音识别系统都需要采用的一种技术，不管是基于规则的模板匹配还是基于统计学习的模型。根据该原理，将未知语音的模式与已知语音的参考模式逐一进行比较，并将最佳匹配参考模式作为识别结果。图65是基于模式匹配原理的自动语音识别系统的一个框架示意图。

如图65所示，语音识别系统首先通过麦克风将要识别的语音转换为图中的语音信号，然后将其添加到识别系统的输入端，接收到语音电信号之后，系统的特征提取部分开始工作，主要进行提取反映语音中基本特征的声学参数的操作。对于早期的基于规则的模板匹配系统，常用的特征是短期平均能量或幅度、短期平均过零率、短时自相关函数、线性预测系数、清音/浊音标记和音调频率；而对于基于统计学习，特别是深度学习的模型的系统，这一过程更像是一个黑盒，模块会自动提取它认为对识别有用的特征，并用数值化向量表示。在获得这些特征之后，系统的参考模式匹配库会参与到识别工作中，这个模式库是从大量的词汇和对应的语音信号中学习归纳得到的，系统会从中挑选与未知语音信号最接近的模式作为识别结果。

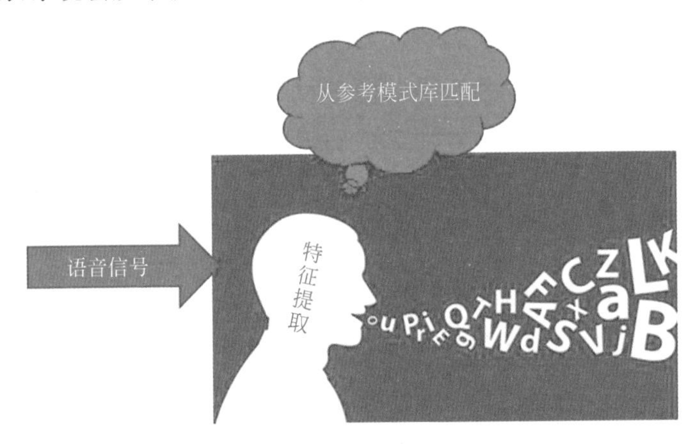

图65　自动语音识别系统的原理方框图

语音识别发展至今，主要还存在以下五个问题。

（1）自然语言的复杂性：一句话包含音素、字、词、短语等不同层级，不同的组合方式对应不同的意思。

（2）语音信息量大：不同人的语音模式是不一样的，即使对同一说话人，当语调和场合变化时，同一句话表示的文本意思也可能完全不同；此外，一个人的说话方式也会随着时间而变化。

（3）语音的相似性：因为文字发音的原因，说话者在讲话时，不同的词的发音是相似的。

（4）单个字母或词、字的语音特性受上下文的影响，语音识别需要解决上下文的依赖以更准确地理解说话的文本。

（5）环境噪声和干扰：实际场景中，说话者可能处于嘈杂的环境中，环境中其他的声音会对语音识别有严重影响。

虽然语音识别还存在各种各样的问题，但毫无疑问的是，语音识别技术是到目前为止工业落地最成功的人工智能技术，其实用场景非常多。比如，图 66 所示的苹果手机上集成的 Siri 语音助手，2008 年开始就被广泛应用到苹果公司生产的手机上，尽管当时的准确率只有 80%，但是经过不断地更新进化，现在已经为我们使用手机提供了极大的便利。现在语音识别在移动终端上的应用非常火热，语音对话机器人、语音助手、互动工具等层出不穷，许多互联网公司纷纷投入人力、物力和财力开展此方面的研究和应用，希望通过这种新颖和便利的模式迅速获得客户群。

2009 年以来，借助深度学习和大数据的迅猛发展，语音识别技术也得到了进一步突飞猛进的提升，将深度神经网络，比如有限玻尔兹曼机（Restricted Boltzmann Machine，RBM）、循环神经网络（Recurrent Neural Network，RNN）等被引入到语音识别声学模型训练中，极大地提高了模型的准确率。比如微软公司的相关工作将识别错误率相对降低了 30%，是近 20 年来语音识别技术最大的进步。

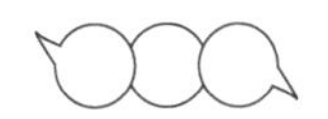

图 66　苹果手机语音识别助手 Siri 工作示意图

语音识别技术作为人机交互的基础性技术，是很多人工智能应用实际场景的入口，其应用领域和市场前景非常广泛且作用非常重要。随着通信技术的飞速发展，语音识别技术将为在线教育、远程会议、录音转换、语音助手等各个领域带来极大的便利，也为同声翻译、人机对话、智能出行等应用提供可靠的支持。这个领域将一直吸引众多人工智能从业者进行积极的探索和尝试。

2009：自动驾驶

谷歌公司对自动驾驶技术的研究始于2009年，由该公司联合创始人谢尔盖·布林(Sergey Brin)负责该公司的秘密X实验室。该项目最初由斯坦福人工智能实验室的前任主任、谷歌街景的共同发明人塞巴斯蒂安·特伦(Sebastian Thrun)领导。

特伦在斯坦福大学的团队设计了Stanley，该车赢得了2005年DARPA大挑战奖和美国国防部200万美元的奖金。开发该系统的团队由15名为谷歌公司工作的工程师组成，包括Chris Urmson、Dmitri Dolgov、Mike Montemerlo和Anthony Levandowski。Waymo就是源于谷歌公司的这个自动驾驶项目，并于2016年12月独立为谷歌母公司Alphabet的一个全资子公司，独立后专注于自动驾驶技术的开发。Waymo这个名字源于其使命，即"移动性的新方向"(a new WAY forward in MObility)。

从2010年开始，美国各州立法者对如何规范新兴技术表示担忧。内华达州于2011年6月通过了一项关于内华达州自动驾驶汽车运行的法律，并于2012年3月1日生效。使用谷歌实验性无人驾驶技术改装的丰田普锐斯于2012年5月获得内华达州机动车辆部(DMV)的许可，这是美国颁发的第一个自动驾驶汽车的许可证(图67)。

真正使得Waymo的无人车引发全世界关注的是它们于2014年发布的第三代无人车"萤火虫"(FireFly)。Waymo针对自动驾驶任务完全重新设了这款车，比如移除了雨刷器和方向盘之类为驾驶员服务的部件。但是由于加利福尼亚州法律的限制，车里还是安装了一个类似于游戏摇杆的装置

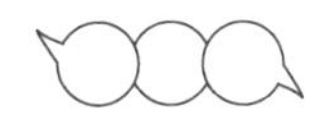

图 67　经过 Waymo 改装的丰田普锐斯

作为方向盘。这辆车后来还获得了红点设计大奖。

2014 年 4 月，该团队宣布他们的车辆已经记录了近 700 000 个自动里程测试（110 万千米）。2015 年 6 月，该团队宣布他们的车辆行驶超过 1 000 000 英里（约为 1 600 000 千米），在此过程中他们遇到了 200 000 个停车标志，600 000 交通信号灯，以及 1.8 亿辆其他车辆。通常，在测试期间，原型车的速度不超过 25 英里/小时（约为 40 千米/小时），并且在整个时间内都有安全驾驶员。

Waymo 工程师还创建了一个名为 Carcraft 的程序。该程序是一个可以模拟驾驶条件的虚拟世界。通过 Carcraft，25 000 辆虚拟自动驾驶汽车可以浏览美国奥斯汀、得克萨斯、山景城、加利福尼亚、凤凰城、亚利桑那州和其他城市的模型。截至 2018 年，Waymo 已经在虚拟世界中行驶了超过 50 亿英里。在现实世界中，Waymo 已经在美国的六个州和 25 个城市测试了其自动驾驶系统。

2017 年，Waymo 公布了制造成本较低的新传感器和芯片、可视性更高的相机以及具有激光雷达系统的清洁器。Waymo 制造了一套内部开发的自动驾驶套件。这些传感器和硬件——增强的视觉系统、改进的雷达和基于激光的激光雷达——减少了 Waymo 对供应商的依赖。这一套设备允许 Waymo 有效地将其技术集成到硬件中。在自动驾驶汽车计划开始时，该公司为无人车的每个激光雷达系统花费了 75 000 美元。由于 Waymo 设计了自己的激光雷达版本，截至 2017 年，这一成本下降了约 90%。

当然，Waymo 在自动驾驶领域的尝试也并非一帆风顺。2015 年 6 月，谷歌公司确认在当时的道路实验中发生了 12 次碰撞，其中 8 次涉及由另一名驾驶员在停车标志或红绿灯处追尾，两次被其他车辆从侧面撞击，一次涉及另一名驾驶员闯过停车标志，还有一次由谷歌公司的雇员手动驾驶汽车导致。

2017 年 4 月，Waymo 开始在美国亚利桑那州的凤凰城进行自动驾驶出租车服务的小范围试验。同年 10 月，Waymo 在亚利桑那州钱德勒的公共道路上开始测试没有安全驾驶员的自动小型货车。2018 年 12 月 5 日，Waymo 推出了首个名为“Waymo One”的商用自动驾驶汽车服务，凤凰城大都市区的用户可以通过手机应用获取该服务。

2014 年，SAE International（一家汽车标准化机构）发布了基于六个不同级别（从完全手动系统到全自动系统）的分类系统，作为与道路机动车辆自动驾驶系统相关的分类和定义。该分类系统基于驾驶员所需的干预数量和注意力，而非车辆的能力。在 SAE 的自动驾驶水平定义中，“驾驶模式”意味着“一种具有动态驾驶任务要求的典型驾驶场景”（例如，高速公路合并、高速巡航、低速交通堵塞、封闭校园操作等）。

0 级：自动系统只会发出警告，可能会暂时干预，但没有持续的车辆控制。

1 级：驾驶员和自动驾驶系统共享车辆的控制。例如自适应巡航控制（ACC），其中驾驶员控制转向，自动系统控制速度。驾驶员必须随时准备重新获得完全控制权。

2 级：自动化系统完全控制车辆（加速、制动和转向）。如果自动化系统

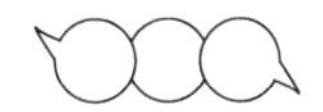

无法正常响应，驾驶员必须监控驾驶并随时立即进行干预。

3 级：驾驶员可以安全地将注意力从驾驶任务转移到其他地方。例如司机可以发短信或看电影。车辆将处理需要紧急响应的情况，例如紧急制动。当车辆出现自动驾驶可能无法应对的场景时，驾驶员仍必须准备在制造商指定的有限时间内进行干预。汽车可以全速控制在慢速行驶中以每小时 60 千米的速度行驶。

4 级：与第 3 级一样，但驾驶员不再需要注意安全性问题，例如司机可以安全地入睡或离开驾驶座。但是，自动驾驶必须在规定的驾驶场景（特定区域或出现诸如交通拥堵的情况）内执行，一旦超出这些场景，车辆必须能够安全地停车。

5 级：完全不需要人为干预的介入。

近年来，自动驾驶技术受到越来越多的关注，很多其他公司也进入了这个领域的竞争，如特斯拉、Uber 和百度等。

特斯拉的 Autopilot 又称为增强型自动驾驶领航者（Enhanced Autopilot），其在第二个硬件版本后被特斯拉定位成一种先进的驾驶辅助系统功能，具有车道对齐、自适应巡航控制、自动停车、通过驾驶员确认自动更换车道以及在用户的指令下自动驾驶到车库或停车场中的指定位置。最新的改进版本已经能够使车辆具备在高速上自动寻路、切换到不同的高速以及在抵达用户目的地附近时自动驶出高速公路（图 68）。然而，在 2016 年 5 月，特斯拉的第一起致命车祸占据了头条。死者是一位司机，也是一名特斯拉的热衷者。当时车辆运行在高速 Autopilot 模式中，该司机却在观看视频，完全忽略了紧盯路况的责任。Autopilot 系统没有检测到一辆大卡车正横穿马路，车辆以极高的速度从卡车下面下钻了过去，司机当场身亡。该事故中虽然有视觉系统未能识别出白色拖车横侧面的缘故，但也由于前视雷达安装位置较低而错过了目标。公众开始质疑：这类 Beta 版的软硬件是否允许上路？软件升级了是否要重新车检？另一方面，Autopilot 被错误宣传成了自动驾驶，而实质上仍然是辅助驾驶。

图 68　特斯拉的 Model S

2016 年 2 月初，新闻爆出打车应用 Uber 从卡内基 · 梅隆大学及其附属的国家机器人研究中心挖走 50 多名科学家和工程师，建立自己的无人车研发团队。同年 8 月，Uber 更是耗资 6.8 亿美元收购卡车自动驾驶公司 Otto。

2017 年 4 月 19 日，百度公司发布了 Apollo 计划，向汽车行业及自动驾驶领域的合作伙伴提供软件平台，帮助它们快速搭建一套属于自己的完整的自动驾驶系统。

截至 2018 年底，百度公司的 Apollo 项目已成长为世界领先的自动驾驶和人工智能项目之一，拥有 2018 年最大的合作伙伴生态系统和 100 多个全球合作伙伴，包括比亚迪、东风、微软、英特尔、英伟达、戴姆勒、中兴通讯、福特、现代和本田等公司。

2009：提速：图形处理器的革命

并行计算不是人工智能的研究主题，但它却为人工智能近十年的发展提供了速度上的突破。十多年前，一种称为图形处理器的新型芯片问世，它的目的是解决游戏的动态视觉呈现和并行需求。数百万像素必须重新计算许多次，这需要一个专门的并行计算芯片作为PC主板的补充。并行图形芯片设计生产方面的突破使得游戏体验得到了飞跃性的进步。最初的图形处理器（Graphic Processing Unit，GPU）专门用于图形图像数据处理，负责执行图形渲染所需的复杂数学和几何计算，以满足图像渲染中对数据实时处理的要求，帮助中央处理器（Central Processing Unit，CPU）从繁重的图形图像处理任务中解脱出来。随着技术的不断发展，GPU的通用性也逐渐增强。基于GPU的通用计算逐渐进入高性能并行计算的主流行列。目前，结合CPU和GPU的异构计算平台已经相当成熟，并且在多个领域获得了广泛的应用（图69）。

图69　GPU

统一计算设备架构（CUDA）是由英伟达（NVIDIA）公司发布的基于NVIDIA GPU的并行程序开发架构。该架构包括一套软件开发工具集、一组编程接口，以及添加了少量扩展的C/C++语言（CUDA C/C++）。由它开发的程序能够在所有支持CUDA的GPU上运行。CUDA的推出大大简化了 GPU 并行编程。

2009 年,Google Brain 公司使用 NVIDIA GPU 创建了有一定能力的 DNN。在那里,吴恩达(Andrew Ng)发现 GPU 可以将深度学习系统的速度提高约 70 倍。特别地,GPU 非常适合参与机器学习矩阵/向量计算。GPU 将训练算法的速度提高了几个数量级,从而将运行时间从几周减少到几天。专用硬件和算法优化可用于有效处理。

这个发现为神经网络的研究理清了很多障碍,传统处理器可能需要几个星期来计算一个百万级参数的神经网络,而一组图形处理器可以在一天内完成同样的事情。因此,世界各地的神经网络研究人员都尝试使用 GPU 进行深度学习开发,其中就包括谷歌、脸书(Facebook)和微软等公司。到 2015 年,该领域已经取得了许多令人惊叹的结果,尤其在图像识别方面更是获得了巨大进步。

如今,脸书等支持云计算的公司都在 GPU 上运行深度神经网络,它们常常用于识别照片中的人。网飞(Netflix)公司也在运用相似的技术为其订阅者提供可靠的节目推荐。

2009 年笔者首先认识到 GPU 不仅在深度学习领域发挥了极大的作用,在群体智能算法领域也发挥了很大作用。群体智能一般指由群体互动所产生的智能。一个常见的群体智能系统包括一群功能简单的个体。这群个体不仅可以共同作用于所在环境,而且可以以直接或间接的方式进行交互。通过这种交互,个体会涌现出十分复杂的全局行为,而这种行为远远不是个体能力简单叠加可以达到的。受到自然界群体智能现象的启发,一类被称为"群体智能优化方法"的最优化方法被提出。在群体智能优化方法中,一个群体包含多个个体;启发式信息通过个体之间的局部交互得到交换,个体之间互相协作,共同进行搜索。在搜索过程中,多个个体通过竞争与协作的方式,产生自适应的搜索行为,最终导致全局优化,从而求解最优化问题。

群体优化方法在求解复杂的科学和工程最优化问题方面弥补了常规数

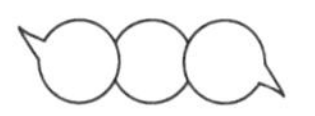

值最优化方法的不足，然而，由于这类方法在优化过程中需要对目标函数进行大量的评估，因此需要较多的计算资源，这严重制约着群体智能优化方法求解问题的规模和范围。笔者认为群体智能优化方法依靠个体间的交互进行搜索，因此具备并行性的潜力，如果能够利用GPU实现这种并行性，这将会极大加速群体智能优化方法的优化过程。因此，基于GPU进行大规模并行加速是克服群体方法计算量大这一严重缺陷的非常有前景的途径(图70)。

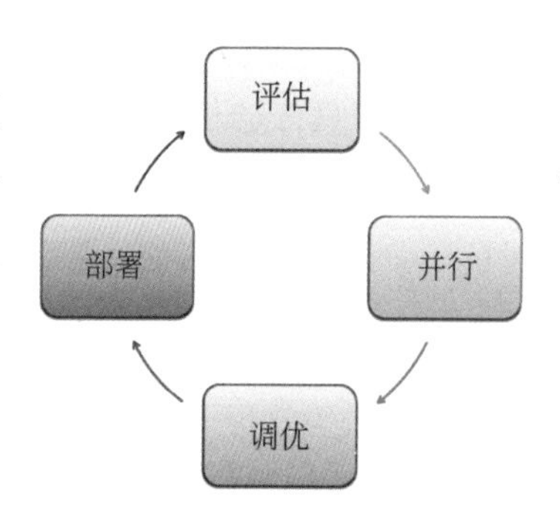

图70　并行优化的基本流程

限于篇幅，以下仅介绍其中的一个由笔者指导研究生提出的算法：基于GPU的并行烟花算法(GPU-FWA)。该算法是在烟花算法的基础上发展而来的。GPU-FWA采用多核函数并行模型实现，对不同阶段采用不同的并行粒度，并且不需要特殊的数据结构。因此，GPU-FWA非常易于在GPU平台上实现；同时，它能够充分利用GPU强大的计算能力。

GPU-FWA旨在达到高性能、易扩展性、易用性三个目标。为满足以上目标，GPU-FWA针对GPU的特性，对原始的烟花算法做了一些改进。与其他群体智能优化方法相同，GPU-FWA也是一种基于迭代的算法。在每个迭代周期中，每个烟花都独自进行局部搜索。然后，某种信息交互机制被触发以利用启发式信息指导搜索进程。这种交互机制能够很好平衡局部搜索能力和全局搜索能力。在GPU-FWA中，主要有两种新策略：一种是烟花搜索，另一种新策略是吸引-排斥变异。在搜索方面，GPU-FWA让每个烟花都独立产生一定数量的火花，并从中选择最优个体替换当前的烟花。而在多样性方面，GPU-FWA采用均匀变异且各维独立判断变异，通过使用这种策略，可能有两种情况产生：要么非最优烟花更加靠近最优烟花，从而协助探索当前最优区域；要么更加远离当前最优区域，以探索新的空间，从而实现了探索(全局搜索)与开采(局部搜索)的动态平衡。

GPU-FWA 能够有效利用 GPU 强大的并行计算能力,大大加速了优化过程,并保持良好的优化性能。在中等种群规模下,GPU-FWA 能够取得几十倍以上的加速比。随着种群规模不断增大,加速比相应上升,最高可达近 200 倍。

同时,GPU-FWA 扩展性强,实现简单,能适用于不同的问题规模。此外,GPU-FWA 自由参数较少,鲁棒性较高。更重要的是,GPU-FWA 的问题求解质量一般要优于烟花算法以及广泛使用的粒子群优化算法。

2011：智能手机和移动应用程序

智能手机被定义为将移动电话和多用途移动计算设备合二为一的新型设备，它们通常具有非常强大的硬件功能和应用广泛的操作系统，并以此与传统的功能手机区分开来。强大的操作系统和硬件能力使得智能手机可以装备更复杂的软件、接入更快速的互联网和支持更多的多媒体功能，同时保留了核心的电话功能，比如语音通话和短信。智能手机通常内置可用于软件采集各种信息的传感器，比如磁场感应器、触感器、陀螺仪、加速度仪，并且还支持无线通信协议，例如蓝牙、Wi-Fi 和卫星导航系统。早期的智能手机主要面向企业市场销售，试图将其包装为个人数字助理和蜂窝电话的结合体，但受到电池容量、体积庞大和无线服务不规范的限制，发展并不快速。第一个可以被称为“智能手机”的面向个人的商用化设备，最初由弗兰克·卡诺瓦(Frank Canova)于 1992 年在 IBM 公司开发，称为“Angler”，于当年 11 月在 COMDEX 计算机行业贸易展上展示。在 20 世纪 90 年代中后期，许多拥有移动电话的人还需要携带一个独立的专用 PDA 设备，运行早期版本的操作系统，如 Palm OS、Newton OS、Symbian 或 Windows CE/Pocket PC，这个时代的大多数“智能手机”都是将这些现有熟悉的 PDA 操作系统与基本手机硬件相结合的混合设备。

1996 年 3 月，惠普公司发布了 OmniGo 700LX，这是一款改装的 HP 200LX 掌上电脑，配有搭载在其上的诺基亚 2110 手机和基于 ROM 的软件以支持它的日常使用，它可以运行数千种现有软件，包括早期版本的 Windows。1996 年 8 月，诺基亚公司发布了诺基亚 9000 Communicator，这是一款基于诺基亚 2110 的数字蜂窝 PDA，带有基于 Geoworks PEN/GEOS 3.0 操作系统的集成系统，首次提出了翻盖设计，包含上面的显示器和下面的物理 QWERTY 键盘。它提供了电子邮件、日历、地址簿、计算器和笔记本等应用程序。1999 年 6 月，高通公司发布了“pdQ 智能手机”，这是第一款带有集成 Palm PDA 和互联网连接功能的 CDMA 数字 PCS 智能手机。1999 年，日本无线提供商 NTT DoCoMo 推出了 i-mode，一种新的移动互联网平台，提供高达 9.6 Kb/s 的数据传输速度，并通过平台访问网络服务，如在线购物。i-mode 的兴起帮助 NTT DoCoMo 在 2001 年底累计达 4000 万用户，并且在日本市场和全球第二大市场中排名第一。然而，在此之后，面对 3G 和具有先进无线网络功能的新手机的崛起，i-mode 所引以为豪的能力不再具有优势，同时日本手机也越来越偏离全球化的标准和趋势，转而提供其他形式的功能，如移动支付、近场通信（NFC）和移动电视等。2000 年，美国的商业用户开始采用基于微软 Windows Mobile 的设备，然后采用 Research In Motion 的黑莓智能手机。由于黑莓的上瘾性，美国用户在 2006 年还普及了“CrackBerry”一词。

在 2000 年左右，智能手机通常是在直板或滑板模型中使用物理 T9 数字键盘或 QWERTY 键盘，一些智能手机还装备了电阻式触摸屏，允许使用手指或手写笔进行虚拟键盘和手写的输入，从而可以轻松输入中文、日本和韩文等亚洲文字。2006 年底，LG 公司发布了全球第一款采用大型电容式触摸屏的手机 LG Prada，次年 1 月，苹果公司推出了 iPhone。iPhone 也是围绕大型电容式触摸屏所设计的，但增加了对多点触控的支持手势（用于交互，例如“捏”的操作，用于放大和缩小照片和网页）。值得注意的是，iPhone 放弃了当时非常流行的触控笔、键盘或小键盘，而选择直接以手指输入的电容式触摸屏作为其唯一的输入类型。人们通常把智能手机的发明归功于苹果公司，正是由于 iPhone 在全球范围内的火爆，使得智能手机成为主流，并且使得手指触控这种人机交互方式被人们广泛认可（图 71、图 72）。

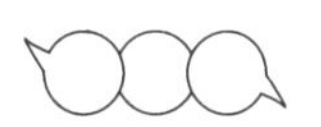

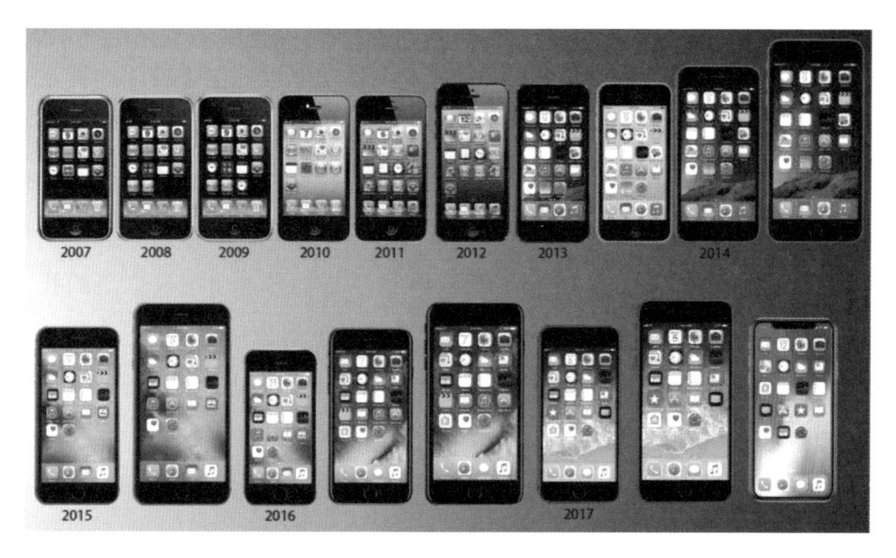

图 71　历代 iPhone（截至 2017 年）

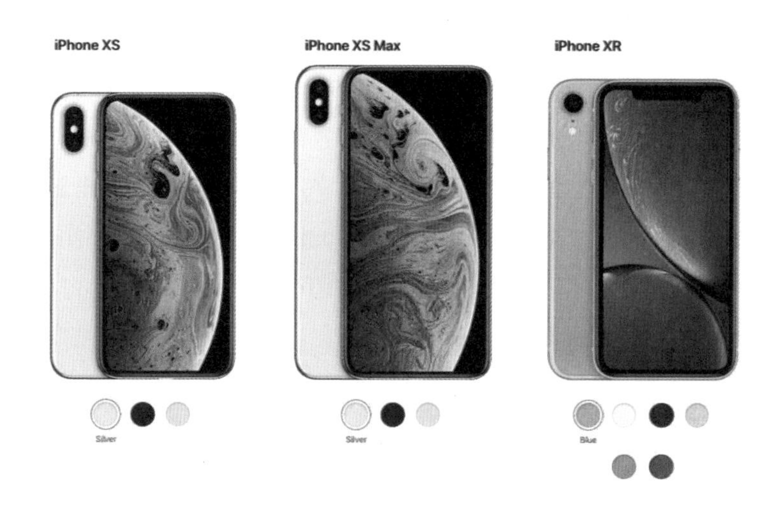

图 72　2018 年发布的最新三款 iPhone

第一代 iPhone 除了提出多点触控的电容式触摸屏以外，还同时支持连接 Wi-Fi 和蜂窝网络。用户可以使用 iPhone 来拍照片、拍视频、播放音乐、发送和接收电子邮件、浏览网页、发送和接收短信、跟踪 GPS 导航、记录笔记、执行数学计算，以及接收可视语音信箱等。除此之外，还支持其他功能，比如视频游戏、社交网络等，都可以通过下载移动应用程序来使用。截至今天，苹果手机的 App Store 内已包含上百万个可用于 iPhone 的应用程序，用于人们平时的生产和生活。最初代的 iPhone 一经上市，就被赞誉为手机行业的“革命性产品”和“游戏规则改变者”，随后几年 iPhone 的迭代更新也都获得了非常高的赞誉。截至今日，iPhone 已经是世界上使用最广泛的智能手机之一，并帮助苹果公司成为全球最有价值的上市公司之一。

iPhone 发布之后，大量的手机厂商开始跟进，全球智能手机行业进入前所未有的发展期。尤其在中国，智能手机行业的竞争更加激烈，有华为、中兴和联想这样的老牌企业，也有小米、OPPO、VIVO、锤子科技这样的新兴独角兽。其中，华为公司最早于 2003 年 7 月成立了手机部门，到 2004 年，华为公司发售了第一部手机 C300。在 2012 年国际消费电子展上，华为公司从 Ascend P1 S 开始推出 Ascend 系列，同年 9 月，华为公司推出了自己的 4G 手机，即 Ascend P1 LTE。2013 年 12 月，华为公司引入荣耀(Honor)作为中国的独立自主品牌，主打中低端市场，作为与小米、魅族等品牌手机的竞品。2015 年 1 月，华为公司停止旗舰手机“Ascend”品牌，并推出新款 P 系列。华为公司还与谷歌公司合作，在 2015 年建立了 Nexus 6P。2018 年，华为公司发布了 P 和 Mate 系列中的当前型号 P20、P20 Pro 和 Mate 20，作为华为公司高端产品线的更新(图 73)。

而当我们回头望去，iPhone 的诞生不仅仅是智能手机发展的一大步，更是整个互联网行业的一次跃进式的发展。移动互联网一般通过智能手机和平板电脑来访问，是一个完全不同于之前 PC 时代的信息传播媒介。平板电脑于 2010 年推出，它提供与计算机相同的功能(互联网接入、软件安装、访问多媒体内容等)，但触摸屏技术和缩小的尺寸使得更大的移动性成为可能。2010 年初，国际电信联盟的一份报告就曾预言：根据目前的增长率来看，人们通过笔记本电脑和智能移动设备来访问互联网的访问量，可能会在未来

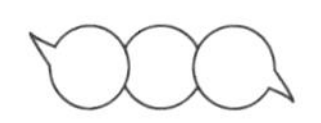

图 73　华为公司最新旗舰机——华为 Mate 20

五年内超过台式计算机。随后的 2014 年 1 月，美国的移动互联网使用量正式超过了 PC 端的访问量，这也正式宣告着互联网从 PC 互联网时代迈进了移动互联网时代。随后在思科系统公司制作的 2017 年虚拟网络索引（VNI）报告中预测，到 2021 年，全球移动用户将达到 55 亿（2016 年将达到 49 亿）。此外，同样的 2017 年 VNI 报告预测移动互联网的平均访问速度将在同一时间跨度内从 6.8 Mb/s 增加到 20 Mb/s，大约是 3 倍，其中视频包含大部分流量（占 78%）。最新数据显示，拥有智能手机的人中，有 85%的人每天至少通过手机上网一次，移动用户希望随时随地进行网络连接。

在智能手机普及之前，互联网还处于 PC 互联网时代（也称为 Web 2.0 时代），用户的上网行为更多的发生在 PC 端，通过笔记本电脑和台式计算机上的固定线路来访问互联网。在过去的十年中，移动设备计算能力的显著进步对网络开发领域产生了深远的影响。起初，普通的手机只是功能非常有限的设备，大多数手机只适合打电话和接收简短的短信，比如第一代摩托罗拉 Razr，以及早期的智能手机，如 Blackberry 和 Palm Treo。移动网络起飞缓慢主要受制于有限的计算能力和复杂的代码编写规范，然而今天，智能手机和平板电脑比五十多年前的第一台多房间主机系统具有更强的计算能力。在2007年，苹果公司发布了iPhone，该设备最重要的功能之一是它预先包装了苹果移动版的流行网络浏览器——Safari。该应用程序能够读取HTML、CSS、PHP、Java和许多其他Web语言，从而允许iPhone用户浏览与桌面用户相同的全尺寸网页。在接下来的几年里，苹果公司生产了后续几代的iPhone以及iPad。不久之后，其他制造商开始推出自己的智能手机和平板电脑，利用谷歌的Android移动操作系统与苹果竞争。iOS和Android现在是移动市场的两大主要参与者。

随着Web访问越来越多地从家庭和办公室桌面转移到移动设备，对能够在相应平台上高效运行的新软件的需求大幅增加。这种需求导致了整个行业的创建——应用程序行业。移动应用程序是一种应用程序软件，用于在移动设备如智能手机或平板电脑上运行。移动应用程序经常用于为用户提供与在PC上类似的服务。今天，移动应用程序可用于多种类别，包括教育、娱乐、游戏、商业生产力，等等，所有这些移动应用程序均可从苹果公司的App Store和Android的App Marketplace获得。移动应用程序已经成为我们生活中不可或缺的一部分。

2008年7月，苹果公司的App Store上线了。在一天之内，苹果公司发布了一系列可以在iPhone上下载的应用程序。更确切地说，发布了大约552个应用程序，其中135个可以免费下载。在短短一周内，iPhone用户下载了大约一千万个应用程序！根据美国方言协会的说法，“App”这个词在2010年成为了一个被词典收录的词汇(图74)。

据统计，目前有数百万的移动应用程序，包括社交网络、旅游、健康、银行、健身、日历、游戏、新闻等应用程序。苹果公司的App商店每月增加20 000多个应用程序。手机用户排名前10位的国家或地区为中国、印度、美国、俄罗斯、印度尼西亚、巴西、越南、日本、巴基斯坦和德国。另外，根据Flurry Analytics的统计：iPhone应用程序总下载量为300亿；Android应用下载总量为150亿；每位智能手机用户的平均应用数量为41；应用程序市

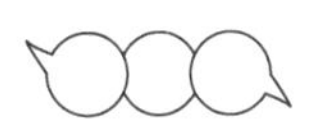

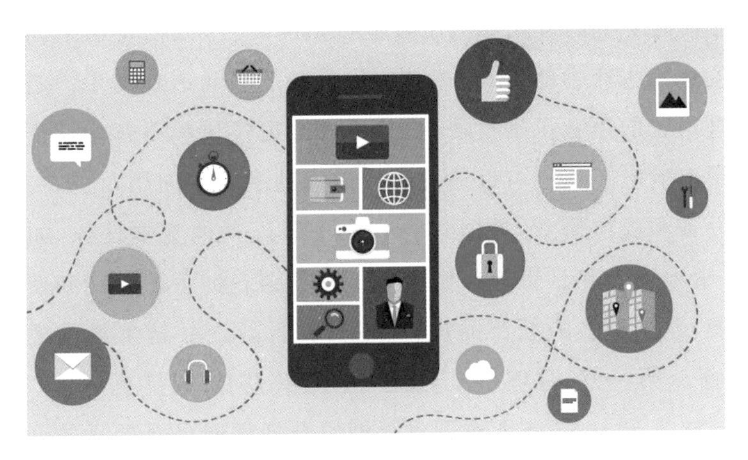

图 74　大量的应用程序为人们提供了非常多的便利

场每年的收入超过 300 亿美元，而且仍在增长；2014 年，一年内的应用下载量超过 1.38 亿，到 2017 年，下载量估计达到 2.68 亿。根据另一份报告，2014 年全球有 190 亿软件开发商，到 2020 年这个数字将增长到 250 亿。如今印度、俄罗斯和中国的移动应用开发商数量增长迅速。尤其在中国大陆区域，应用程序的发展非常之快，以“微信”和“支付宝”为代表，各大移动支付软件大量涌现，极大地便利了人们的日常生活。现在在中国大陆地区，小到出门买菜，大到买车买房，已经都可以用一个手机来解决，移动支付覆盖了几乎所有领域，这在全球范围内都是非常领先的(图 75)。

图 75　支付宝和微信的移动支付大战

随着智能手机的普及和人工智能技术的发展，人们发明了很多能够帮助人类解放生产力的工具，这其中最著名的当属语音助手。语音助手能够通过内置的语音识别模块、自然语言处理模块和语音合成模块对语音信号做出响应。用户可以通过语音询问助手一些问题，比如控制家庭自动化设备和媒体播放，并通过语音命令管理其他基本任务，如电子邮件、待办事项列表和日历等。截至2017年，语音助手的功能和使用正在迅速扩展，越来越多的新产品进入市场，并且新产品越来越重视语音交互的界面。第一个能够执行数字语音识别的工具是IBM公司的Shoebox，它是于1962年西雅图世界博览会期间向公众展示的。安装在智能手机上的第一个现代数字语音助手是Siri，它于2011年10月4日作为iPhone 4S的一个功能推出，是苹果公司在2010年收购Siri公司后开发的新一代语音交互软件，目前Siri已经成为世界上使用最广泛的语音助手之一。Google智能助理最初于2016年5月首次亮相，作为谷歌消息应用程序Allo及其语音激活扬声器Google Home的一部分，截至2017年，Google智能助理已安装在超过4亿台设备上。2018年5月份，在Google I/O大会上，谷歌公司发布了一项新的智能语音助手——Duplex，它可以代替你预约理发或者餐馆，将语音助手的工业化推向了一个新的层次。微软公司的语音助手Cortana，首次在旧金山举行的微软开发者大会上进行了演示，它已经成为微软计划的“改造”Windows Phone和Windows未来操作系统的关键因素。微软公司已将Cortana集成到众多产品中，例如Microsoft Edge、Skype、Bing。除此之外，还有亚马逊的Alexa，简称为Alexa，是由亚马逊开发的语言助手，首先用于Amazon Echo和亚马逊Lab126开发的Amazon Echo Dot智能扬声器上。随着科技的发展和人们生活水平的提升，越来越多的智能语音助手被植入用于某些具体场景下的产品中，比如用于家居场景下的智能音响、用于车载环境下的车载音响、用于户外环境的智能语音耳机等(图76)。

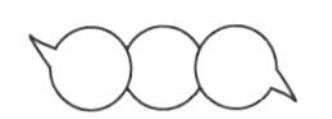

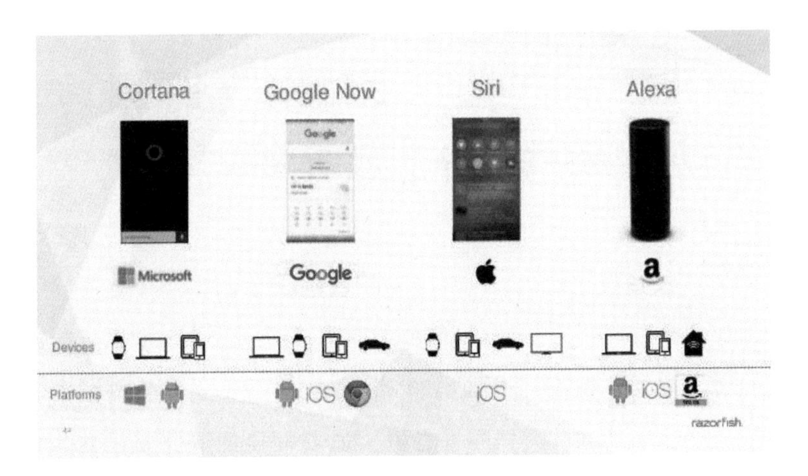

图 76　各公司推出的语音助手

2012：从视频网站中学习图像识别

美国加利福尼亚州山景城，谷歌公司的 X 实验室，是一个以研究自动驾驶汽车和增强现实眼镜而闻名的实验室，其中一小部分由斯坦福大学计算机科学家吴恩达和其谷歌公司同事杰夫·迪安领导的研究人员在几年前开始研究人类大脑的模拟。

2012 年他们建立了一个由 16 000 个计算机处理器组成的神经网络，拥有 10 亿个连接并让它浏览 YouTube 数据，它就像许多网络用户那样学会了识别猫。在三天的时间内，这个神经网络接受了来自 YouTube 视频的 1000 万张 200×200 像素的图片之后，就能开始用深度学习算法来识别猫了。杰夫·迪安说："在训练期间从来没有告诉过这个神经网络这是一只猫，它基本上自己发明了猫的概念。"他们对神经网络进行探测，看看是否有任何小模拟神经元只会对猫的图片产生强烈反应，而不会对其他事物的照片产生强烈反应。令他们惊讶的是，他们实际上发现了一个这样的神经元，即使没有人提前告诉算法去学习寻找猫，这个神经元始终如一地响应猫的图片。这让他们发现神经网络似乎与科学家理论化人类思维工作的方式相同：大脑中的个体神经元专门用于检测特定物体。这种特殊大脑模拟的特殊之处在于，它的学习是无人监督的。它处理的数据从未被人类标记，以帮助它区分特定的功能。它所学到的一切，都是自学的。没有人告诉它猫应该是什么样的(图 77)。

它不仅学会识别猫，还学会识别人脸和人体的形状。该系统在检测人脸方面达到了 81.7%的准确率，在识别人体部位时达到了 76.7%的准确率，

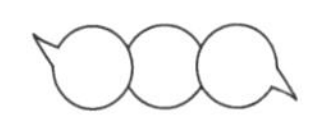

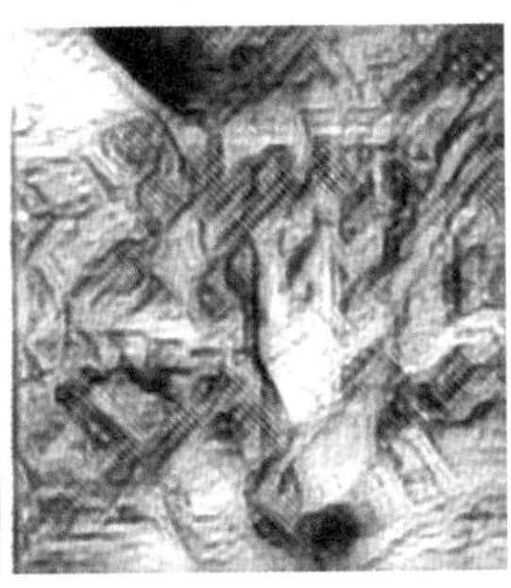

图 77　神经网络学习图像识别

在识别猫时达到了 74.8%的准确率。吴恩达评论道："重点不是找到了猫，重点是拥有一个软件，也许能够模拟一个婴儿大脑，刚刚醒来时，不知道任何事情，观看几天 YouTube 视频，并弄清楚它学到了什么。而且我相信除了你知道的猫之外，它还学到了很多其他的东西。而且猫只是碰巧寻找和发现的一件事。"

具体来说，这项工作的重点是从未标记的图像构建高级、类特定的特征检测器。例如，是否可以仅从未标记的图像构建面部检测器。这种方法受到神经科学猜想的启发，即人类大脑中存在高度特定类的神经元，通常被非正式地称为"祖母神经元"。大脑中神经元的类特异性程度是一个受到积极研究的领域，但目前的实验证据表明，颞叶皮层中的一些神经元对面部或手部等对象类别具有高度选择性，甚至可能是特定的人。当代计算机视觉方法通常强调标记数据的作用以获得这些类特定的特征检测器。例如，为了构建面部检测器，需要大量标记为包含面部的图像，通常在面部周围具有边界框。对于标记数据很少的问题，对大型标记集的需求提出了重大挑战。虽然通常首选使用低成本无标签数据的方法，但它们并未被证明能够很好地构建高级功能。

这项工作研究了仅从未标记数据构建高级功能的可行性。对这个问题的肯定回答将产生两个重要结果。实际上，这提供了一种从未标记数据开发特征的廉价方法。但也许更重要的是，它回答了一个有趣的问题，即“祖母神经元”的特异性是否可以从未标记的数据中学习。这表明至少原则上婴儿可以学会将面孔分组到一个类别，因为它已经看到了很多，而不是因为它受到监督或奖励的指导。无监督特征学习和深度学习已成为机器学习中用于从未标记数据构建特征的方法。使用未标记的数据来学习特征是自学式学习框架之后的关键思想。成功的特征学习算法及其应用可以在最近的文献中找到，使用各种方法，如 RBM、自动编码器、稀疏编码和 K-means。到目前为止，大多数这些算法仅成功学习了诸如“边缘”或“斑点”探测器之类的低级特征。超越这些简单的功能并捕捉复杂的不变性是这项工作的主题。研究发现，训练深度学习算法以产生最先进的结果是非常耗时的。他们推测，长时间的训练是造成文献报道缺乏高级特征的部分原因。

他们的算法建立在这些想法的基础上，可以看作是一个稀疏的深度自动编码器，具有三个重要的成分：局部感受野、池化和局部对比归一化。首先，为了将自动编码器扩展为大图像，他们使用了一种称为局部感受域的简单思想。这种生物学启发的想法提出自动编码器中的每个特征只能连接到下层的一个小区域。他们的深度自动编码器是通过复制三次相同的阶段构建的，该阶段由局部滤波、局部汇集和局部对比正则化组成。一个阶段的输出是下一个阶段的输入，整个模型可以解释为九层网络。第一个和第二个子层通常分别称为过滤(或简单)和汇集(或复杂)。第三个子层执行局部减法和分裂归一化，它受到生物和计算模型的启发。如上所述，他们的方法的核心是使用神经元之间的局部连接。就规模而言，他们的网络可能是迄今为止最大的已知网络之一。它有 10 亿个可训练的参数，比文献报道的其他大型网络还大一个数量级，例如西里桑等人的网络，那个网络大约有 1000 万个参数。值得注意的是，与人类视觉皮层相比，他们的网络仍然很小，人类视觉皮层的神经元和突触数量是该网络的 106 倍。

然后他们还尝试了将这种特征学习方法应用到了 ImageNet 中。在对

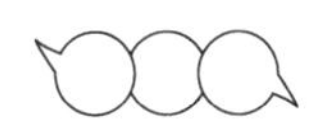

ImageNet 和 Youtube 图片进行无监督学习之后，他们首先训练了逻辑分类器，然后对网络进行了微调。在逻辑分类其中，正则化方法并未得到使用。整个训练过程在 2000 台计算机上进行，并且持续了一周的时间。数据集被随机分成两半用于训练和验证。他们在验证集上报告性能。结果表明，尽管他们的方法是从原始像素开始，但是却打败了当时最先进的采用人工构建特征的方法。在有 10 000 个类别的 ImageNet 上，他们的方法相较于之前最好的结果有 15%的改进，在 20 000 个类别的 ImageNet 上，他们的方法取得了 70%的改进。

这个网络虽然没有接近人类大脑中的神经元数量（被认为超过 800 亿），但它仍然是当时世界上最先进的大脑模拟器之一。2009 年，IBM 公司开发了一个大脑模拟器，复制了十亿个突触连接的 10 亿个人脑神经元。但是，谷歌公司的这个神经网络似乎是第一个在没有提示和附加信息的情况下识别对象的产品。即使将物品进行扭曲或者进行易位，网络仍然能够识别出物体。研究人员对这项技术寄予厚望，他们认为该技术还可以用于图像搜索、语音识别和机器语言翻译等领域。

这项工作展现出了无监督学习的威力。虽然目前最有效、表现最好的方法基本都是监督学习和半监督学习的方法，但显然无监督学习才是人工智能之路上更加耀眼的那颗明珠。近年来相关的研究仍在如火如荼地进行，相信我们终会克服重重阻碍，敲开无监督学习的大门。

2012：深度学习“封神之路”的起点——AlexNet

AlexNet 发表的 2012 年是具有里程碑意义的一年（图 78），在当年的 ImageNet 大规模视觉识别挑战赛（ILSVRC）上，深度卷积网络 AlexNet 取得里程碑式突破，自此正式掀起了深度学习热潮。从那以后，计算机视觉领域的所有突破几乎都来自深度神经网络。

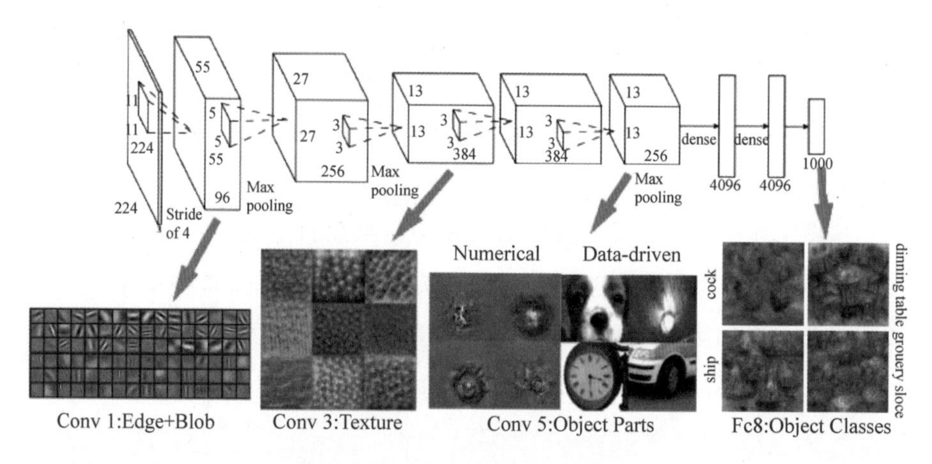

图 78　AlexNet 模型结构示意图

现在，当我们打开谷歌的图片管理应用（Google Photos），输入“海滩”时，就能查看到过去 10 年里我们曾经去过的所有海滩的照片。实际上我们从来没有浏览过这些存储的照片，也没有一张张给它们贴标签。那么计算机是怎么知道它们是海滩照片的呢？这就要归功于先进的图像语义识别技术，根据照片本身的内容来识别是不是海滩的图片。

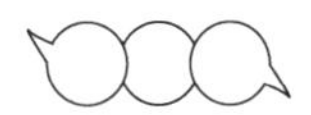

这个看似平凡但实际上非常复杂的功能是基于一种称为深度卷积神经网络(Deep Convolutional Neural Network，DCNN)的技术，它能够以一种以前的技术无法实现的方式来理解图像。

近年来，研究人员发现，随着他们构建的网络层数越来越深，积累了越来越大的数据集来训练模型，模型的准确性也越来越高。这使得模型对计算能力产生了几乎无法满足的需求，从而提升了英伟达和 AMD 等 GPU 厂商的财富。谷歌公司在几年前开发了自己的定制神经网络芯片，其他公司也争相效仿谷歌公司的做法。

以特斯拉公司为例，特斯拉公司聘请了深度学习专家 Andre j Karpathy 负责其自动驾驶系统 Autopilot 项目。特斯拉公司目前正在开发一种定制芯片，为未来版本 Autopilot 的神经网络操作提供加速。以苹果公司为例，最近几款 iPhone 的核心芯片 A11 和 A12 都包含一个“神经引擎”，用来加速神经网络操作，并支持更好的图像和语音识别应用程序。

这些研究的起点来自一篇特定的论文 *AlexNet*，这个名字来自它的主要作者艾利克斯·克里泽夫斯基(Alex Krizhevsky)。“在我看来，AlexNet 发表的 2012 年是具有里程碑意义的一年。”机器学习专家、《智能机器如何思考》(*How Smart Machines Think*)一书的作者肖恩·格里希(Sean Gerrish)说。

在 2012 年之前，深度神经网络在机器学习领域几乎是一潭死水。但后来，艾利克斯·克里泽夫斯基和他多伦多大学的同事们在一项备受瞩目的图像识别竞赛提交了参赛作品，并取得了比以往任何成绩都要精确得多的成果。几乎一夜之间，深度神经网络成为图像识别的主要技术。其他使用该技术的研究人员很快证明了图像识别精度的进一步飞跃。

你可能认为 20 世纪 80 年代反向传播的发展会开启基于神经网络的机器学习的快速进步时期，但事实并非如此。当然，在 20 世纪 90 年代和 21 世纪初就有人致力于这项技术。但对神经网络的兴趣直到 2010 年初才真正兴起。我们可以从 ImageNet 竞赛的结果中看出这一点。ImageNet 竞赛是由斯坦福大学计算机科学家李飞飞组织的年度机器学习竞赛。在每年的比赛中,参赛者都会得到超过一百万张图像的训练数据集,每张图像都被手工标记一个标签,标签有大约 1000 种类别,比如“消防车”“蘑菇”或“猎豹”。参赛者的模型对未被包含在训练集的其他图像进行分类,以评判其能力。程序可以进行多次猜测,如果前五次猜测中有一次与人类选择的标签相匹配,则被认为识别是成功的。

这项竞赛始于 2010 年,在最初的前两年中,深度神经网络并没有发挥主要作用。顶级团队使用了各种其他的机器学习技术,但结果也是相当平庸。2010 年获胜团队的 Top5 错误率高达 28%。2011 年,这个错误率为 25%。

然后是 2012 年。来自多伦多大学的一个团队提交了参赛作品——AlexNet——以压倒性的优势击败了所有竞争者。使用深度神经网络,该团队得到了惊人的 16%的 Top5 错误率。最接近的竞争对手当年的错误率也只有 26%。

训练这种规模的网络需要大量的计算能力,而 AlexNet 被设计利用现代 GPU 提供的大量并行计算能力。研究人员想出了如何在两个 GPU 之间分配网络训练的工作,从而给了它们两倍的计算能力。不过,尽管进行了积极的优化,在 2012 年可用的硬件条件下(两个 NVIDIA GTX 580 GPU,每个 3GB 内存),网络训练也进行了 5~6 天。

看看 AlexNet 的结果对于理解这是一个多么厉害的突破是很有帮助的。图 79 是 AlexNet 论文中的截图,展示了一些图像和 AlexNet 的 Top5 分类。

AlexNet 能够识别出第一张图片中有一只螨虫,即使这只螨虫只是图片边缘的一个小形状。AlexNet 不仅能正确识别美洲豹,它的其他 Top 猜测——美洲虎、猎豹、雪豹和埃及猫——都是长相相似的猫科动物。AlexNet 将蘑菇的图片标记为“木耳”——蘑菇的一种。“蘑菇”——官方正

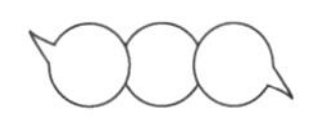

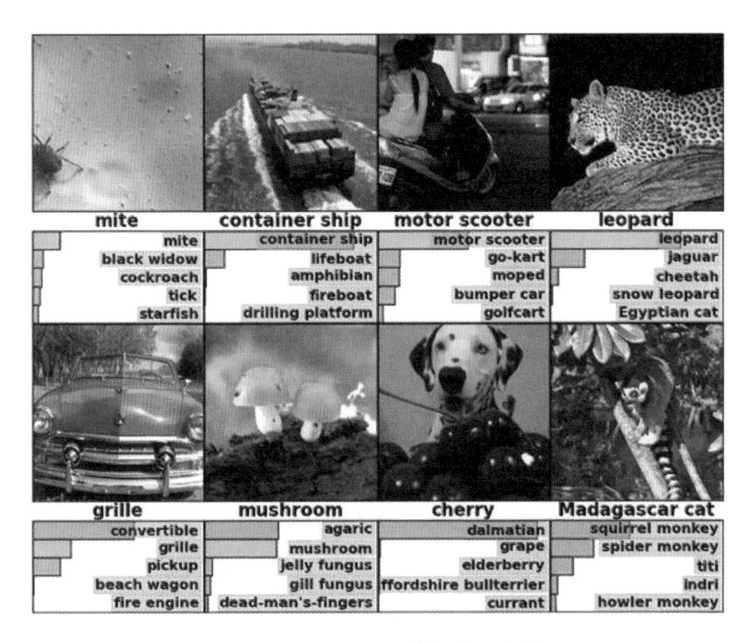

图 79　AlexNet 预测结果示意图

确的标签，是 AlexNet 的第二选择。

AlexNet 的“错误”几乎同样令人印象深刻。照片上，一只斑点狗站在樱桃后面，AlexNet 的猜测是“斑点狗”，而官方的标签是“樱桃”。AlexNet 意识到这幅画中含有某种水果——“葡萄”和“接骨木浆果”是它的前五种选择——但它并没有完全认识到它们是樱桃。在一张马达加斯加猫站在树上的照片中，AlexNet 列出了一群会爬树的小型哺乳动物，很多人都可能会弄错。

这是真正令人印象深刻的性能表现，表明模型可以识别各种方向和背景中的常见对象。深度神经网络迅速成为图像识别任务最受欢迎的技术，此后机器学习领域就再也不回头看其他技术了。

“随着基于深度学习的方法在 2012 年取得成功，2013 年的绝大多数参赛方法都使用了深度卷积神经网络。”ImageNet 的赞助商写道。这种模式在随后的几年里持续，后来的获胜者的技术建立在 AlexNet 团队开创的基本技术之上。到2017年，使用更深层的神经网络的参赛者将Top5错误率降到3%以下。考虑到这项任务的复杂性，可以说计算机能够比许多人更好地完成这项任务。

AlexNet的论文很快就在机器学习学术界引起轰动，其重要性也在工业界得到迅速认可。谷歌公司对这项技术特别感兴趣。2013年，谷歌公司收购了由AlexNet论文的作者所开办的创业公司。他们使用该技术为谷歌相册添加了新的图片搜索功能。谷歌公司的查克·罗森伯格写道："我们直接从一个学术研究实验室走向了前沿研究，并在短短六个多月内推出了新的功能。"

与此同时，2013年的一篇论文描述了谷歌公司如何使用深度卷积网络从谷歌地图(Google Map)的街景图像照片中读取邮编。该论文作者写道："该系统帮助我们从街景图像中提取了近1亿个真实街道上的数字。"研究人员还发现，神经网络的性能随着网络的深度而不断提高："我们发现这种方法的性能随着卷积网络的深度而增加，最佳性能出现在我们训练的最深层的架构中，我们的实验表明，更深层次的架构可能会获得更好的精度，收益递减。"

因此，在AlexNet诞生后，神经网络研究不断深入。在2012年AlexNet获胜后两年，谷歌公司的团队向2014年·ImageNet竞赛提交了获奖作品。与AlexNet一样，它基于深度卷积神经网络，但谷歌公司使用更深层次的22层网络来实现6.7%的错误率，比AlexNet的16%错误率大大提高。更深层的网络只适用于大型规模的训练集。出于这个原因，肖恩·格里希认为ImageNet数据集在深度卷积网络的成功方面发挥了关键作用。ImageNet比赛为参赛者提供了一百万张图片，并要求他们将这些图片分配给1000个不同类别中的一个。"拥有一百万张图像来训练网络，意味着每个级别上有1000张图像。"肖恩·格里希说，"如果没有如此大的数据集，需要训练的参数数量就太多了。"

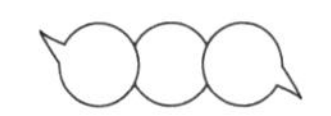

近年来，人们一直致力于积累更大的数据量，以便用于训练更深、更准确的网络。所以自动驾驶汽车企业一直专注于积累路测里程，途中采集到的图像和测试视频可以用于训练图像识别网络。深度学习算力需求几乎没有止境，GPU 厂商也因此赚得盆满钵满。更深层的网络和更大的训练集可以提供更好的性能，激发了对更多计算力的永不满足的需求。AlexNet 成功的一个重要原因是认识到了神经网络训练可以利用显卡的并行计算能力进行高效快速的矩阵操作。这对于 GPU 制造商 NVIDIA 和 AMD 来说，无疑是一笔可观的财富。这两家公司都致力于开发面向机器学习应用的独特需求而开发的新芯片，人工智能应用程序现在占这类公司 GPU 销售额的很大一部分。

2016 年，谷歌公司宣布创建了名为张量处理单元（Tensor Processing Unit，TPU）的定制芯片，专门用于神经网络操作。谷歌公司早在 2006 年就考虑为神经网络构建专用集成电路（ASIC），但情况在 2013 年变得紧迫起来，神经网络快速增长的计算需求使得他们运营的数据中心数量增加了一倍。最初，TPU 的访问权限仅限谷歌自己的专有服务，但后来逐步开放，允许任何人通过谷歌公司的云计算平台使用该技术。

当然，谷歌并不是唯一一家致力于 AI 芯片的公司。iPhone 的最新版本芯片就具备针对神经网络操作优化的“神经引擎”。英特尔公司也在开发针对深度学习而优化的一系列芯片。特斯拉公司最近宣布将不再使用英伟达的芯片，转而支持自研的神经网络芯片。另据报道，亚马逊公司也在开发自己的人工智能芯片。

2014：阿尔法围棋

自 1997 年 IBM 公司的深蓝打败人类国际象棋大师之后，人们一直梦想着有一天人工智能系统能够征服棋类游戏的顶峰——围棋。与国际象棋相比，围棋是一个难度高几个数量级的问题，主要表现在两个方面。

(1) 围棋的搜索空间远大于象棋，围棋平均每一步 200 个可能的位置，而象棋只有 20 个，而且当探索更多的步骤时，这个数值是呈指数上升的。

(2) 围棋输赢很难通过一个简单的评价函数来进行定义，一般需要通过棋局的局势计算目数进行比较；而象棋是一个相对简单的游戏，可以数一下双方的棋子或棋子的移动性等指标来进行评价。

围棋的每一个局部都是一个战场，但是它们之间又相互影响，一个很小部分的变动都会影响整个棋局，所以围棋的每一个棋子都对对阵双方的局势有着至关重要的影响。有人认为，象棋是一种毁灭性的游戏，每一步都是使游戏变得更简单，而围棋是一个建设性的游戏，随着对局的进行，棋局越来越复杂，胜负也更加难以预料。

由于围棋复杂、变化莫测的下法，使得仅仅基于暴力搜索的方法无法穷尽所有可能的步骤，从而难以战胜人类围棋高手。

由谷歌公司的 DeepMind 实验室开发的人工智能围棋程序 AlphaGo，2015 年 10 月成为第一个无让子、在 19 路棋盘上击败职业棋手的计算机围棋程序。2016 年 3 月，在一场五番棋比赛中，AlphaGo 于前三局以及最后一局均击败顶尖职业棋手李世石(图 80)，成为第一个无让子而击败职业九段棋手的计算机围棋程序。2016 年 12 月，在中国弈城围棋网上，AlphaGo 程

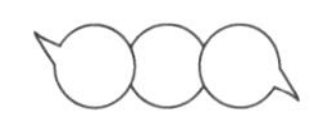

序以代号“大师 Master”连续 60 次战胜古力、朴廷桓等人类顶尖棋手。2017 年 5 月 AlphaGo 围棋程序又以 3∶0 完胜世界排名第一的棋手柯洁，并在 2017 年底宣布其自学习版本（AlphaZero）在围棋、日本将棋、国际象棋均战胜此前最强的棋类计算机程序。

图 80　李世石与 AlphaGo

在 2017 年的 Future of Go 峰会上，其继任者 AlphaGo Master 在三局比赛中击败了当时世界排名第一的棋手柯洁（图 81）。在此之后，AlphaGo 被中国围棋协会授予专业九段级别。

为了表彰围棋程序的胜利，AlphaGo 被韩国 Baduk 协会授予荣誉九段。与李世石的挑战赛被记录在一部名为 AlphaGo 的纪录片中，由格雷格·科赫（Greg Kohs）执导。它被科学界选为 2016 年的年度最佳突破者之一。

AlphaGo 还有三个更强大的后继者，名为 AlphaGo Master、AlphaGo Zero 和 AlphaZero。

AlphaGo 及其后继者使用蒙特卡罗树搜索算法，根据以前通过机器学习特别是人工神经网络（深度学习方法）“学习”的知识，并通过人工和计算机游戏的广泛培训，找到其动作。训练神经网络来预测 AlphaGo 自己的移动选择以及获胜的概率。该神经网络提高了树搜索的强度，从而在下一次

图 81 AlphaGo 大战世界第一柯洁

迭代中产生更高的移动选择质量和更强的自我游戏。

在 AlphaGo 和柯洁的比赛结束后，DeepMind 宣布 AlphaGo 将退役，同时他们将继续在其他领域进行人工智能研究。随后，他们在自然杂志上发表了从“空白页面”开始，只需很短的训练时间就能达到顶级水平的围棋程序——AlphaGo Zero。这个程序以 100∶0 的成绩战胜了 AlphaGo。自学成才的 AlphaZero，目前被认为是围棋和象棋在全球范围内顶级的计算机程序玩家。

AlphaGo 使用了深度神经网络配合强化学习的训练方法，并利用启发式的蒙特卡洛搜索树算法和自我博弈，结合树状图的状态推测当前的最优走子，并且能够不依赖人类棋谱的先验知识，从零开始自主训练，展现出了极强的学习能力。这种方式与之前深蓝的暴力穷举是完全不一样的。围棋无法像象棋那样，穷举当前所有可能的走子方法，然后选择最好的那一种下法。很多世界级的围棋大师也表示，下棋时为什么走这一步是根据当前形式下的经验和直觉，很多时候他们都没办法定量地描述当前的局势以及走子的具体原因。而 AlphaGo 就试图利用强化学习和深度学习来模拟人类的

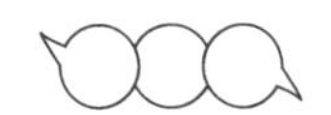

这种行为，从大量的历史棋局中学习到当前对阵局势的经验判断，并利用人工神经网络来定量的刻画当前的局势，将棋局看成一幅图，用卷积神经网络(Convolutional Neural Network,CNN)计算获胜的概率，这里会用到蒙特卡洛树搜索去探索最可能发生5步或者10步之后的局势，计算出当前局势的好坏；然后利用这种好坏的概率作为短期回报，强化训练走子策略。走子策略也是用一个神经网络来定量的度量其优劣。

一旦有了这个机制，可以对系统进行几百万次的训练，通过试错强化学习，对于赢了的情况，让系统意识到，下次出现类似的情形时，更有可能做相似的决定。相反，如果系统输了，那么下次再出现类似的情况，就不会选择这种走法。程序通过这样的过程，积累了大量的对局数据库，再基于这些大量的对局历史信息，对系统进行训练，得到第二种评价神经网络。选择不同的落子点，经过置信区间进行学习，选出能够赢的情况，这个概率为0～1,0表示根本不可能赢，1表示百分之百赢。

通过把这走子策略网络和价值评价网络这两个神经网络模型结合起来，可以大致预估出当前的情况；辅以蒙特卡洛这个强大的搜索算法，深度强化学习把围棋这种本来不能解决的问题，变得可以解决。

AlphaGo在2016年3月的胜利是人工智能研究的一个重要里程碑(图82)。围棋以前被认为是机器学习中的一个难题，而这个问题对于以前

图82　围棋人工智能程序

的技术来说是遥不可及的。大多数专家认为像 AlphaGo 这样强大的围棋程序至少还需要五年时间才会被开发出来；还有一些更加保守的专家认为，计算机击败围棋世界冠军至少还需要十年。所以在 2016 年比赛开始时，大多数人都认为李世石会击败 AlphaGo。

在西洋棋、国际象棋以及现在的围棋等游戏中，计算机都相继战胜了人类，因此棋盘游戏的进一步改进不会再成为人工智能的重要里程碑了。深蓝的作者表示，这标志这一个时代的结束，现在是时候寻求让人工智能解决更加复杂的问题了。

与深蓝和沃特森（Watson）相比，AlphaGo 的基础算法可能更具通用性，并且可能证明科学界正朝着通用智能方向发展。一些评论家认为，AlphaGo 的胜利为社会提供了一个很好的机会，我们需要开始讨论具备通用智能的机器在未来可能影响的行业，并为之早作准备。人工智能研究员斯图尔特·拉塞尔（Stuart Russell）表示，“人工智能方法的进展比预期快得多，这使得其他一些问题也变得亟待解决，以确保日益强大的人工智能系统完全处于人类控制之下。”还有一些学者，如斯蒂芬·霍金（Stephen Hawking）曾警告说，未来一些自我提升的人工智能可以获得更加实用的通用智能，这将会给社会带来不稳定因素。当然，这被几乎所有人工智能专家认为是杞人忧天，人工智能威胁论是不成立的，人工智能永远都是基于为人们的生活提供便利而发展的。

2014：生成对抗网络的提出和发展

生成对抗网络（GAN）是半监督和无监督学习领域兴起的新技术，通过隐式地对高维数据分布建模来实现这一目标。GAN 由伊恩·古德费洛（Ian Goodfellow）于 2014 年提出，其核心组件是训练一对相互竞争的网络。我们可以将其中一个网络视为警察，其目的是要尽可能地区分正常人和小偷；将另一个网络视为小偷，其目的是尽可能地迷惑警察，让它把自己当作好人。在 GAN 原文中，被视为小偷的神经网络称为生成器 G，用于制作尽可能真实的样本；被视为警察的神经网络则称为鉴别器 D，用于接收伪造的样本和真实的样本，并尽可能地区分它们。两个网络同时被训练，并且相互竞争。

在 GAN 里最核心的一点是：生成器 G 无法直接访问到真实的样本，因此它无法直接去归纳真实样本的规则从而去模仿，它唯一的学习方法是通过鉴别器的反馈。鉴别器可以同时访问生成样本和从真实图像库中提取的样本。判别器可以通过图像是来自真实图像库还是来自生成器的真实标签来计算错误信号，以便于进行训练。同时，该误差信号也可以用于训练生成器，使其能够产生质量更好的伪造图像。

构成生成器和鉴别器的网络通常由包括卷积层或全连接层的多层神经网络实现，同时生成器和鉴别器的网络必须是可微分的，但是并不要求直接可逆。生成器 G 可以看作是从噪声空间到样本空间的映射，目的是从噪声中生成尽可能真实的样本。

在基本的 GAN 中，鉴别器网络 D 可以类似地表征为从图像数据映射到图像来自实际数据分布而不是由生成器生成的概率函数。对于给定的生成器

G,可以训练鉴别器 D,对样本做分类,将其分为来自训练数据(真实,接近 1)或来自固定发生器(假,接近 0)。当鉴别器达到最佳时,我们可以固定鉴别器,并且继续训练生成器 G,去尽可能地生成可以降低鉴别器准确度的样本。当生成器的分布能够完美地匹配实际数据分布时,鉴别器将被最大限度地混淆,对所有输入给出 0.5 的预测值,在实践中,鉴别器通常不会被训练到最佳状态。

第一个 GAN 架构使用全连接的神经网络来构造生成器和鉴别器,这种类型的网络结构通常应用于相对简单的图像数据集,如 MNIST、CIFAR-10 和多伦多面部数据集(TFD)。考虑到 CNN 非常适合于图像数据,从全连接网络到卷积神经网络是一种相当自然的延伸。早期在 CIFAR-10 上进行的实验表明,当使用与之前其他有监督学习任务相同的容量和拟合能力的卷积神经网络来训练生成器和鉴别器时训练通常难以进行。

应用拉普拉斯金字塔的对抗网络(LAPGAN)使用了多尺度分解生成的方法,为使用卷积神经网络的 GAN 进行图像生成提供了一种解决方案(图 83):一个来自真实样本的图像本身被分解为拉普拉斯图像金字塔,并且训练一个基于条件卷积的 GAN,用于在给定上一层图像的情况下生成下一层的图像。此外,拉德福(Radford)等人提出了一系列称为 DCGAN(意指"深度卷积对抗生成网络")的 GAN 网络架构,该架构给出了很多工程上的优化方法,用于训练一对基于深度卷积的生成器网络和鉴别器网络。

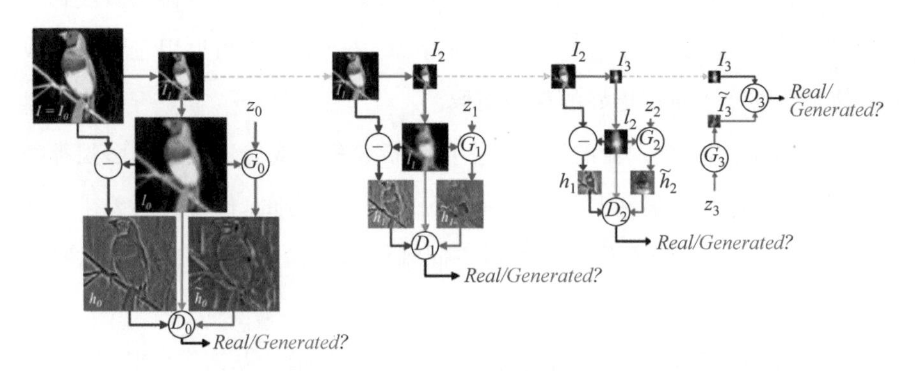

图 83　LAPGAN 生成图像的过程

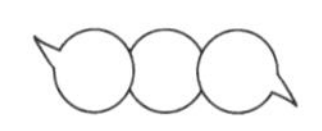

DCGAN使用了跳步卷积（strided convolutions）和局部跳步卷积（fractionally-strided convolutions），允许在训练期间学习空间下采样和上采样的操作算子（图84）。这些算子会处理采样率和采样位置的变化，这正是从图像空间到潜在的低维隐空间、从图像空间到鉴别器的映射的关键要求。米尔扎等人通过改造生成器和鉴别器网络，引入一个类别的先验，将原始GAN框架扩展到了条件设置，条件GAN（CGAN）具有能够为多模数据生成提供更好表示的优点。

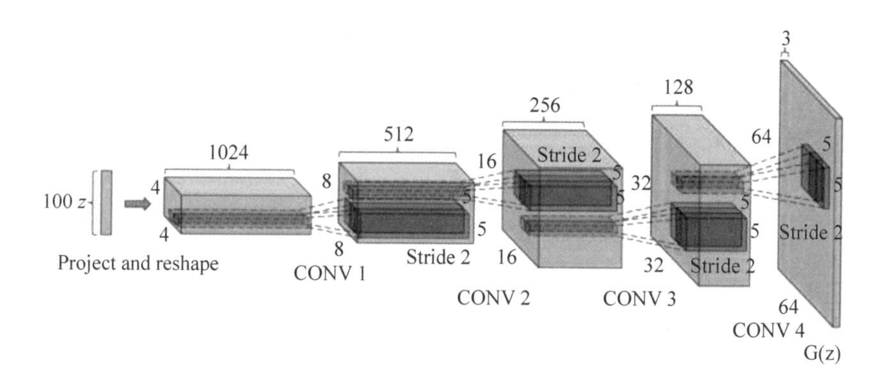

图84　DCGAN的架构图

GAN的训练包括找到最大化其分类准确率的鉴别器的参数，以及找到能最大限度地混淆鉴别器的生成器的参数，整体的训练过程如图85所示。

在训练GAN时，理想的实验状态是：首先训练鉴别器直到相对于当前生成器已经达到了最优；然后，固定鉴别器并再次更新生成器。然而在实践中，鉴别器在短短几次迭代中很难被训练到最优状态，因此通常只进行固定次数的迭代训练。此外，在实际中通常使用非饱和训练标准来优化生成器G的训练过程，即使用“最大化生成器生成样本被判别器判别为正样本的概率”替代“最小化生成器生成样本被判别器判别为负样本的概率”，这样可以从工程上优化生成器的训练效果。

尽管理论上存在独特的解决方案，GAN训练仍然非常具有挑战性，并

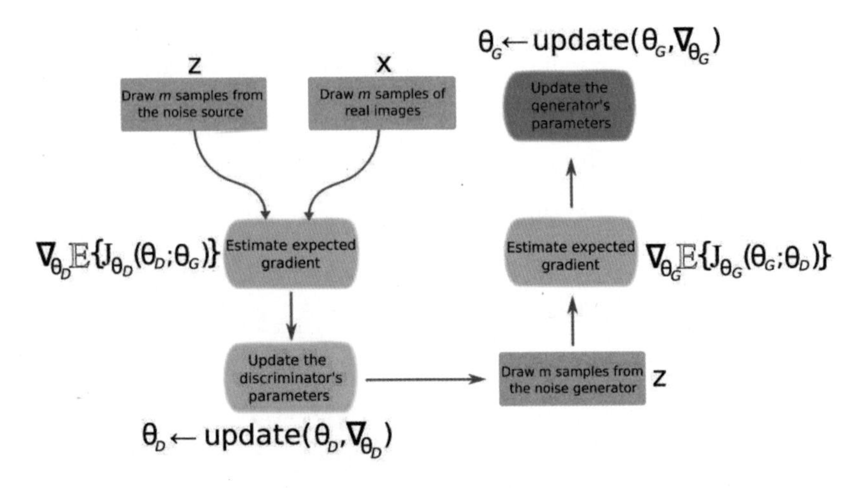

图 85　GAN 训练过程示意图

且由于多种原因经常会不稳定。改进 GAN 的训练方法主要是需要解决训练期间可能会遇到的经验“症状”，比如：

- 训练难以收敛。
- 生成器容易出现“模式崩溃（mode collapse）”的问题，收敛到只能生成非常相似的样本。
- 鉴别器的损失函数太快收敛到 0，不能给生成器 G 的训练提供回传的梯度用于训练。

古德费洛和萨利曼斯（Salimans）等人在早期曾经尝试去解释为什么 GAN 的训练不稳定：他们观察到，通常用于更新生成器和鉴别器参数的梯度下降方法是不合适的，该方法会使得 GAN 的训练落入一个鞍点。古德费洛还证明了，当 D 是最优时，训练 G 相当于最小化生成数据分布和真实数据分布之间的 JS 散度。如果 D 不是最优的，则对生成器 G 的更新就会不太有意义或者不准确，该研究促使人们去寻找可以取代现有距离的衡量标准——也就是 JS 散度——的其他损失函数。

阿乔夫斯基（Arjovsky）等人于 2017 年提出了 WGAN，一种使用对

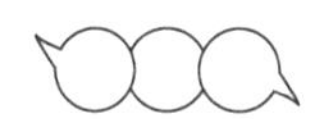

Wasserstein 距离的近似值来替代损失函数的 GAN。与原始 GAN 的损失函数不同，WGAN 能够以更大的概率提供对更新发生器有用的梯度。为 WGAN 导出的代价函数依赖于鉴别器（称为 Critic），这是一个 k-Lipschitz 连续函数，在实际操作中可以通过简单地裁切鉴别器的参数来实现。然而，对权重的简单裁切会降低鉴别器模型的容量，迫使其学习更简单的功能，从而影响整个算法的性能。戈拉尼（Gulrajani）等人提出了一种用于训练 WGAN 中鉴别器的改进方法（WGAN-GP），通过在训练期间对鉴别器的参数做惩罚，不再是直接对鉴别器的参数做裁切，而是在损失函数中加入一个关于鉴别器梯度的范数，从而使得 WGAN 的训练变得稳定（图 86）。

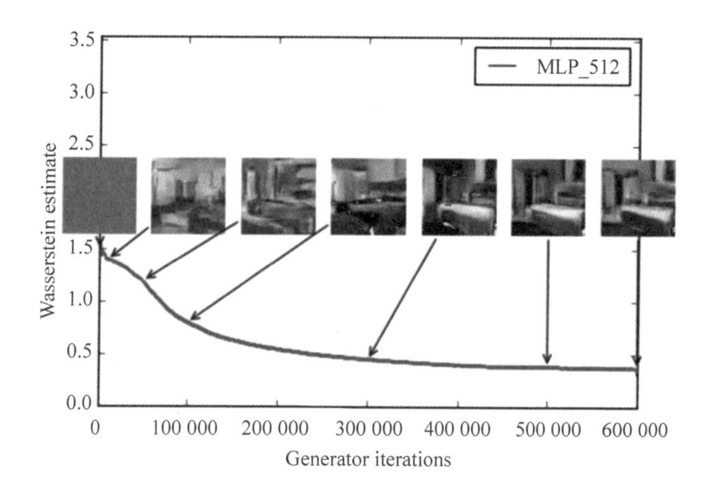

图 86　WGAN 随着迭代进行，能够生成更加丰富的图像

除 WGAN 之外，还有其他的工作对 GAN 的损失函数做了一定的研究。LSGAN 使用最小二乘损失函数来进一步提高训练的稳定性并加速训练过程。F-GAN 把 GAN 的训练概括为最小化 f-divergence 的估计，并且使用与当前 f-divergence 相应的 fenchel 共轭，将其应用于从 G 得到的样本上去近似 f-divergence，从而指导训练。

除了修改 GAN 的损失函数和结构外，大量论文还提出了许多技巧来稳定和加速 GAN 的训练。DCGAN 在 G 和 D 上采用批归一化(batch normalization)来帮助梯度回传到每一层,并且表明使用 leaky ReLU 激活函数比在 D 的中间层上使用传统 RcLU 达到了更优越的性能。萨利曼斯等人提出了如下进一步的启发式方法来稳定 GAN 的训练:

第一个是特征匹配(feature matching),通过稍微改变生成器的目标函数,来增加可用的信息量。具体来说,鉴别器仍然被用来区分真实样本和生成样本,但是现在生成器的训练目标改成了要使假样本在鉴别器的中间激活层的特征与真实样本的特征相匹配。

第二个是小批量鉴别(mini-batch discrimination),它为鉴别器增加了对小批量中给定样本与其他样本之间的距离进行编码后得到的特征作为额外输入,这是为了防止生成器的模式崩溃问题,因为鉴别器可以根据这个信息很容易地判断生成器是否在产生相似的输出。

第三个是启发式平均(heuristic averaging),当网络参数偏离先前值的运行平均值时,则会对其进行惩罚,从而更快收敛到均衡。

第四个是虚拟批归一化(virtual batch normalization),通过计算与在训练前就固定好的一个作为参考的 mini-batch 的批统计数据来减少一个样本对小批量中其他样本的依赖性。

第五个是单侧标签平滑(one-sided label smoothing),把鉴别器需要处理的正样本的标签值从 1 修改为 0.9,借此平滑鉴别器的分类边界,从而防止鉴别器的损失函数太快收敛到 0,使得生成器可以持续地接收到回传的梯度。

GAN 已经被广泛应用于许多领域,并且在不同的任务中有许多令人印象深刻的工作。对于图像合成,有 LAPGAN、DCGAN、BigGAN、GAN-INT-CLS(利用 GAN 从文字生成图像)、GAWWN(利用 GAN 学习如何绘制)等。其中通过大规模 GAN 的应用,BigGAN 在工程上做了很多的优化,比如增加批处理大小、基于先验分布 z 的适时截断和处理及一系列控制模型

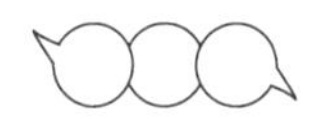

训练稳定性的技巧，将 ImageNet ILSVRC 2012 数据集上达到了目前业界最优的效果（图 87～图 89）。

图 87 WGAN 在 LSUN bedroom 上生成的 128×128 分辨率的图像

对于图像风格转换，有 pix2pix、cycleGAN、MGAN 等。对于超分辨率图像生成，有 SRGAN。对于文本生成，有 SeqGAN、MaliGAN、RankGAN、LeakGAN、TextGAN、Gumbel-softmax GAN、MaskGAN 等。在信息安全领域，有 MalGAN 等。在最优化问题上，笔者和他所指导的研究生一起已经做了一些初步的尝试，目前的优化框架名称为生成对抗优化（Generative Adversarial Optimization，GAD），使用 GAN 来做引导向量（Guiding

图 88　BigGAN 以 256×256 的分辨率生成的图像

图 89　BigGAN 以 512×512 的分辨率生成的图像

vector)的生成。在信息安全领域,他们的 MalGAN 提出了一种基于 GAN 的新算法来对恶意软件进行封装,封装后的软件能够以极高的概率绕过远端的黑盒检测系统。MalGAN 使用一个代理检测器来模拟远端的黑盒恶意软件检测系统,同时训练一个生成器以最小化代理检测器将生成样本预测

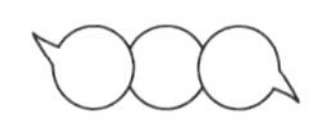

为恶意软件的概率。

GAN 的爆发式发展不仅是由于它在学习从隐空间到数据空间的高度非线性的深度表示方面的超强潜力，而且能利用大量未标记的数据去进行无监督的学习。在 GAN 的很多子问题上，仍然有很多理论和算法的发展机会，并且随着深度神经网络的进一步发展，GAN 将会被用于更多的领域。

2016：谷歌神经机器翻译的突破

机器翻译是计算语言学的一个子领域，研究使用软件把文本从一种语言翻译成另一种语言。

当前的机器翻译软件通常允许按领域或专业(例如天气报告)进行定制，通过限制允许的替换范围来改进输出。这种技术在使用正式或公式语言的领域特别有效。因此，政府和法律文件的机器翻译比谈话或标准化文本更容易产生可用的翻译。

通过人为干预也可以实现改进的输出质量。例如，如果用户明确地识别出文本中的哪些单词是专有名称，某些系统能够更准确地进行翻译。在这些技术的帮助下，机器翻译已被证明可用作辅助人工翻译的工具，甚至代替人工翻译。

机器翻译的进步和潜力在其历史中受到了很多质疑。自 20 世纪 50 年代以来，许多学者质疑实现高质量全自动机器翻译的可能性，一些批评者声称，翻译过程自动化存在原则上的不可行性。

机器翻译的概念可以追溯到 17 世纪。1629 年，勒内·笛卡儿提出了一种通用语言，不同语言中共享一个通用表示。1949 年，"机器翻译"这一概念第一次出现在沃伦韦弗的《翻译备忘录》中。1951 年，该领域的第一位研究员 Yehosha Bar-Hillel 在麻省理工学院开始了他的研究。乔治敦大学的一个机器翻译研究小组随后公开发布了第一个机器翻译研究计划，第一个机器翻译发布会在伦敦召开(1956 年)，吸引大量研究人员加入该领域。1962 年，机器翻译和计算语言学协会在美国成立。1964 年，美国国家科学院成立

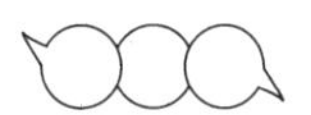

自动语言处理咨询委员会(ALPAC)。然而，机器翻译研究的实际进展非常缓慢，ALPAC 报告(1966 年)表明这项长达十年的研究未能达到预期。这导致了科研资金的大幅减少。机器翻译系统也跟联结主义一样经历了长达十几年的寒冬期。

对机器翻译的热情从 1972 年开始才逐渐恢复。根据美国国防研究与工程署 1972 年的报告，一个名叫 Logos 的机器翻译系统在战争期间成功将军事手册翻译成越南语，重新证明了大规模机器翻译的可行性。法国纺织学院还使用机器翻译将法文、英文、德文和西班牙文摘要进行翻译(1970 年)；1971 年，杨百翰大学启动了一个通过自动翻译摩门教徒文本的项目。从 20 世纪 80 年代后期开始，随着计算能力的提高和成本的降低，人们对机器翻译的统计模型表现出了更多的兴趣。一些机器翻译公司开始出现，包括 Trados(1984 年)。这是第一个开发和销售翻译技术的公司。另外，俄罗斯、英国、德国、乌克兰语的第一个商业系统是在哈尔科夫州立大学于 1991 年开发的。

在线的机器翻译开始于 SYSTRAN 提供免费的小文本翻译(1996 年)，其次是 AltaVista Babelfish，该系统每天能够处理 500 000 个请求(1997 年)。Franz-Josef Och(后来成为谷歌翻译的负责人)赢得了 DARPA 的机器翻译竞赛(2003 年)。在此期间还有很多进展，包括 MOSES，开源统计机器翻译引擎(2007 年)，日本移动设备的文本/短信翻译服务(2008 年)，以及内置英语语音转换功能的手机(2009 年)。

2008 年，谷歌公司宣布推出谷歌翻译，并使用基于短语的机器翻译系统作为此服务背后的关键算法。从那时起，机器智能的快速发展提高了语音识别和图像识别能力，但机器翻译仍然是一个具有挑战性的任务。

2012 年，谷歌公司宣布其谷歌翻译系统能实时翻译大规模文本，其数量相当于在一天内填写 100 万本书。

在深度学习出现之前，所有机器翻译服务都遵循相同的基本规则：

(1)将句子分成片段,(2)在统计推导的词汇词典中查找这些词,(3)申请后处理规则将翻译后的片段重新排列成有意义的句子。众所周知,这个系统可能导致一些非常糟糕的翻译(例如“农业部长”被翻译成“农业牧师”)。机器翻译的这些缺陷是因为系统限于特定规则,并且自然语言中有大量的语法特类。然而,深度学习的出现为机器翻译带来了新的曙光(图 90)。

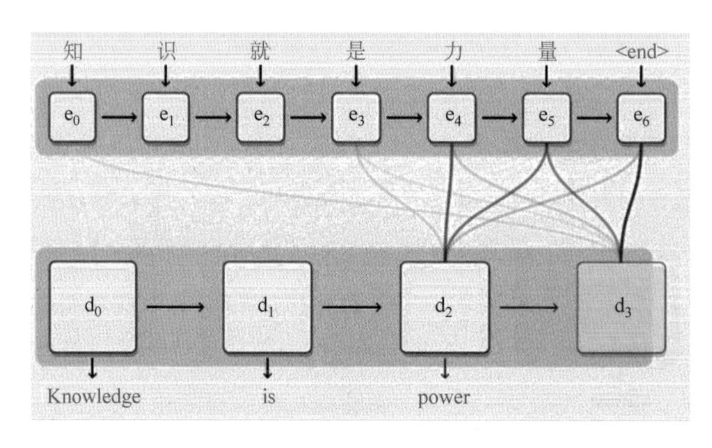

图 90　翻译示意图:从“知识就是力量”到“**Knowledge is power**”

以前,谷歌翻译基本上由 150 个用于在所有这些语言对之间进行翻译的统计系统组成。2018 年 9 月,谷歌公司宣布正在转向基于人工神经网络的单一多语言系统,将系统命名为谷歌神经机器翻译,因为它不断学习数百万个语言示例,并允许单个系统在多种语言之间进行转换,翻译质量更好,翻译出来的文本更加流畅通顺。该系统利用最先进的训练技术实现机器翻译质量的巨大改进。其发布的新技术报告《谷歌的神经机器翻译系统:缩小人机翻译之间的差距》集成了这一研究成果。

之后,谷歌公司开始使用循环神经网络直接学习输入序列(例如一种语言中的句子)与输出序列(另一种语言中的对应句子)之间的映射。基于短语的机器翻译将输入句子分解成要在很大程度上独立翻译的单词和短语,而神经机器翻译将整个输入句子视为翻译的基本单位。这种方法的优

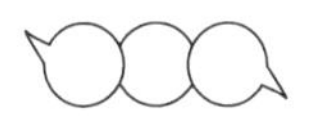

点是，相比于以前基于短语的翻译系统，它不需要很多的工程设计。神经机器翻译系统在发明之初就显示出与现有基于短语的翻译系统相当的性能。

研究人员提出了许多改进神经机器翻译的技术，包括通过模仿外部对齐模型来处理稀有单词的工作，使用注意力机制来对齐输入单词和输出单词，并将单词分成较小的单位以应对罕见的单词。尽管有这些改进，神经机器翻译系统还不够高效也不够准确，无法用于线上系统。但是，谷歌公司克服了这些挑战，使神经机器翻译系统能够在非常大的数据集上训练，并构建了一个足够快速和准确的系统，为用户和服务提供高质量的翻译。

根据人工评价，谷歌神经机器翻译系统产生的翻译与之前基于短语的生产系统相比得到了极大的改进。根据双语人工评估者的评估，谷歌神经机器翻译系统在维基百科和新闻网站的抽样句子上测量的几个主要语言对上将翻译错误减少了55％～85％以上。

除了发表的研究论文外，谷歌在一个极其困难的语言对——中文到英文——上做了积极的尝试。谷歌神经机器翻译系统可以进行100％的中文到英文的机器翻译，每天大约1800万次翻译。从中文翻译成英语是其系统支持的10 000多种语言对中的一种。未来，更多的语言将被集成到谷歌翻译中。

新的谷歌翻译能够随着时间的推移而改进。发布后，谷歌翻译团队的研究人员发现新系统可以翻译一个以前从未见过的语言对。例如，如果系统经过训练可以将日语翻译成英语，同时可以将韩语翻译成英语，那么系统是否可以完成日语到韩语的翻译而无需额外的训练？令他们惊讶的是，答案是肯定的：“据我们所知，”谷歌在其研究博客中写道，“这是这种类型的转移学习首次在机器翻译中发挥作用。”研究人员称其为零资源学习。

但是，另一方面，机器翻译问题还远未解决。谷歌神经机器翻译系统仍然会犯下人类永远不会犯的重大错误，例如丢弃单词，误译专有名称或稀有术语，单独翻译句子而不是考虑段落的上下文。这些问题都急需我们解决。然而，谷歌神经机器翻译系统代表了一个重要的里程碑，它首次突破了传统的统计机器翻译模型，将神经网络系统成功应用于自然语言理解任务中，并取得了杰出的成就。

2016：虚拟现实与增强现实技术

相信经常关注IT领域新闻的人们对虚拟现实（VR）和增强现实（AR）这两个名词都不是很陌生，前两年虚拟现实和增强现实突然“横空出世”，走进了大众的视线。那什么是虚拟现实和增强现实？它们的应用场景和发展未来又是如何呢？下面将系统地介绍一下。

虚拟现实技术

虚拟现实，又称虚拟实境（Virtual Reality，VR），是指用计算机来模拟生成的一个维度虚拟世界，将多源信息融合，为使用者提供关于视觉、听觉、触觉等感官的模拟，让使用者“身临其境”。

得益于三维游戏和人工智能的发展，虚拟现实技术得以飞速发展，逐步被应用到游戏、娱乐、医学、军事、房产、车辆等领域当中。目前，虚拟现实技术最大的需求来自于创造性经济领域的行业，例如，游戏、现场活动、视频娱乐和新零售。早在20世纪90年代初期，一款名为“Virtuality 1000CS”的虚拟现实头盔就被推出，虽然在当时没有得到相应的重视，但为以后的发展埋下火种。随着2012年Oculus公司被脸书公司天价收购，Unity公司推出的Oculus眼镜引擎，吸引了一众开发者投身到虚拟现实游戏的开发中，到2014年谷歌公司推出Google Cardboard，以其较为低廉的价格，降低了虚拟现实游戏门槛，使虚拟现实正式推行到大众中了。到2017年为止，虚拟现实在中国用户已达0.4亿。除去发展迅速的游戏和视频行业，虚拟现实技术在新零售行业也得以迅速应用和推广，虚拟现实技术弥补了传统电商的“实感”体验，国内外知名电商易贝（eBay）、阿里巴巴等都在进行虚拟现实技术的推广，为顾客带来新的体验（图 91、图 92）。

图 91　1991 年发布的 Virtuality 1000CS 虚拟现实头盔

图 92　虚拟现实游戏与虚拟现实新零售

虽然虚拟现实近两年被提及得很多，但因其存在的缺陷，除游戏娱乐外，其余部分领域的试水进入瓶颈期。虚拟现实技术的局限大抵有以下几种：目前的技术水平尚不能提供使用者完全的沉浸式体验，使用者并不能完全地“进入”到虚拟世界，感知依旧不够真实；虚拟现实技术中的输入方式和

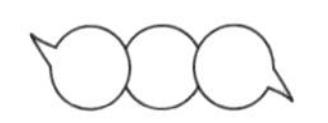

互动方式不够拟人，让人有隔阂感；虚拟现实技术使用的设备不够轻量，也不能根据使用者的不同进行个性化调整，这为虚拟现实的推行设置了一道屏障；因其发展仍处于初期，业界缺乏一个统一的规范；而且，受其成像技术限制，长时间佩戴虚拟现实设备容易使用户产生疲劳感。

虚拟现实技术属于仿真技术的一个分支，将普通的模拟感知组合扩展到三维，因此更受大众的欢迎。虚拟现实技术为大众提供了一种新的感知方式，但其仍处于发展初期，对于虚拟现实技术的大面积推行，可能还需要很长的时间。

增强现实技术

增强现实技术（Augmented reality，AR），是一种实时地计算摄影机影像的位置及角度并加上相应图像的技术，这种技术的目标是在屏幕上把虚拟世界套在现实世界中并进行互动。那它与虚拟现实技术的区别在哪里呢？从用户角度来说，增强现实技术更加强调真实世界与虚拟世界的无缝连接，而虚拟现实技术则强调构造一个虚拟世界。所以二者存在一些技术领域交叉，但又有一定的不同（图 93）。而在学术界，虚拟现实技术可视为增强现实的一个子集。

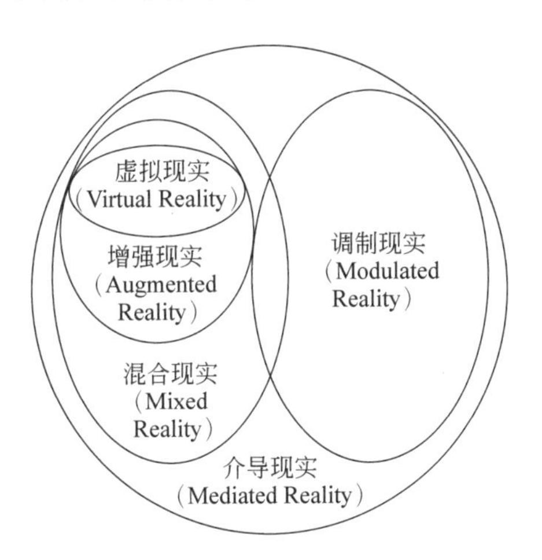

图 93　学术界增强现实与虚拟现实交叉关系图

由于增强现实与虚拟现实的相似性，增强现实拥有一部分与虚拟现实相似的应用领域，同时因为其独有的对真实世界的增强效果，在医疗、军事、远程控制、工业设计等领域更占优势。近两年最为大众所熟知的增强现实应用非《精灵宝可梦》(*Pokemom Go*)莫属(图 94)。2016 年横空出世的这款增强现实交互式游戏，一经推出就占据多个国家应用榜单下载第一位，引领了一股全民走上街头捕捉宠物小精灵的风潮。女生们经常使用的 B612、天天 P 图中的动态贴纸，也是增强现实技术实现的一种。传统厂商更将增强现实技术引入到新型营销中，例如星巴克与阿里巴巴联合推出的咖啡营销，部分线下商铺也开始推行虚拟试衣活动，节省顾客真正试衣的时间。

图 94　增强现实交互式游戏《精灵宝可梦》

与虚拟现实技术一样，增强现实也存在一定的局限性：除了与虚拟现实相似的局限性外，由于目前大部分增强现实都需要与现实做交互，现场的定位就需要较高精度，而现在定位导航设备达不到如此高的精度，容易出现偏差；此外，为了与现实相融合，景物的构建需求并不同于虚拟现实，要求虚拟景物与真实场景密切贴合，不能有太多的疏离感，因此对增强现实技术提出了较高的要求；同时增强了现实技术中所需要的实时定位和渲染，对增强现实设备也提出了很高的要求。

总的来说，增强现实技术架起了现实世界和虚拟世界的桥梁，为大众带来了不一样的感官体验。但增强现实技术和虚拟现实技术一样，同处于起步阶段，未来的推广和发展依旧有很长的路要走，让我们拭目以待。

2016：人脸识别技术的兴起和应用

模式识别是人类的基础智能。人们常常习惯于这种能力，却不了解其背后的复杂原理。事实上，我们日常生活中的每一项活动都与分类和认识能力密不可分。模式识别是处理和分析各种形式的信息的过程。它是信息科学和人工智能研究领域的重要组成部分。

人脸识别是模式识别的应用，利用人脸特征信息进行身份识别。人脸识别系统的研究始于20世纪60年代，但它在20世纪90年代末才进入了初级应用阶段。传统的人脸识别技术主要是基于可见光图像，环境光线变化时识别效果会明显变差，而3D图像人脸识别和热成像人脸识别技术作为解决方案仍然不成熟，识别效果不令人满意。最近开发的基于主动近红外图像的多源人脸识别技术可以克服光变化的影响。系统在精度、速度和稳定性方面的表现超越了3D图像人脸识别，使人脸识别技术逐渐实用化(图95)。

图95　人脸识别

在1964年和1965年期间，Bledsoe与Helen Chan和Charles Bisson一起致力于使用计算机识别人脸。给定一个大型图像数据库和一张照片，人脸识别的目标是从数据库中选择一个人物，使其图像记录与照片相匹配。识别准确率根据检索结果与数据库中记录匹配概率来衡量。Bledsoe阐述了人脸识别问题的困难："人脸识别问题的主要困难在于头部旋转和倾斜角度、照明的强度和角度、面部表情、年龄等因素的剧烈变化。研究人员经常使用的未经处理的光学数据，在可变性巨大的情况下会失效。"

Bledsoe于1966年后在斯坦福研究所继续开展这项工作。在对超过2000张照片的实验中，其方案的识别率取得了较好的效果。首次验证了人脸识别的可行性。

1977年，美国陆军研究实验室资助开发了波鸿系统。该软件作为ZN-Face出售，并被德意志银行和机场运营商等客户使用。该软件"足够强大，可以通过不完美的面部视图进行识别"。

2006年，最新的人脸识别算法比2002年的人脸识别算法精确10倍，准确度比1995年高100倍。其在识别人脸方面能够超越人类参与者，甚至能够识别同卵双胞胎。自1993年以来，自动面部识别系统的错误率降低了272倍。错误率每两年减少一半。

2014年由香港中文大学研究人员开发的GaussianFace算法获得了98.52%的面部识别率，而人类也仅仅能达到97.53%。同年，脸书公司宣布推出其DeepFace模型，该模型可以确定两张面孔是否属于同一个人，准确率为97.25%。人类能够在97.53%的情况下正确回答，仅比DeepFace好0.28%。DeepFace采用了九层神经网络，连接权重的数量超过1.2亿，并对脸书用户上传的400万张图像进行了训练。2015年6月，谷歌公司的FaceNet在人脸识别任务上取得了一个更好的成绩，这是一个新的识别系统，具有无与伦比的分数：给定标签情况下能够达到将近100%的准确率，在YouTube Faces DB数据集上的准确率为95%，它使用人工神经网络和新算法。Mountain View公司使用了该模型，并获得了近乎完美的结果。此技术已合并到Google相册中，用于对图片进行排序，并根据识别的人自动对其进行标记。2018年5月，Ars

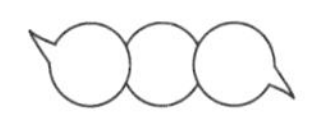

Technica 报道，亚马逊公司已经在向执法机构积极推广名为 Rekognition 的基于云的人脸识别服务。该解决方案可以在单个图像中识别多达 100 个人，并且可以对包含数千万个面部的数据库执行面部匹配。

人脸识别技术的应用十分广泛。社交媒体平台采用面部识别功能来实现功能多样化，以便在激烈竞争中吸引更广泛的用户群。Looksery 应用程序可以实时修改用户容貌，与其他人进行视频聊天。2015 年底，SnapChat 收购了 Looksery，成为具有里程碑意义的重要应用。SnapChat 采用面部识别技术，通过允许用户添加过滤器来改变其外观，彻底改变甚至重新定义了自拍。过滤器的选择每天都在更新，包括让用户“变老”“换肤”“戴帽子”等。

面部识别的另一个新兴用途是使用身份验证服务。许多公司现在都在为银行、ICO 和其他电子商务公司提供这些服务。苹果公司在旗舰 iPhone X 上推出了 Face ID，代替 Touch ID 的生物识别认证（Touch ID 是一款基于指纹的系统）。Face ID 有一个面部识别传感器，它由两部分组成：一个是 Romeo 模块，可以将超过 30 000 个红外点投射到用户的脸上；还有一个是 Juliet 模块，用于读取模式，并发送到设备的中央处理单元（CPU）中，以确认与电话所有者的面部匹配程度。如果不匹配，系统将无法开启，以防止未经授权的访问。

澳大利亚边境部队和新西兰海关开发了一个名为自动化边境处理系统 Smartgate，该系统使用人脸识别。加拿大主要机场将使用这种新的面部识别程序作为初级检查计划的一部分，将人们的面部与护照进行比较。巴拿马机场的监控系统使用数百个实时人脸识别摄像头来识别通过机场的通缉人员。自 2015 年以来，英国警方一直在使用现场面部识别技术。美国国务院拥有世界上最大的脸部识别系统。FBI 使用这个系统作为调查工具。截至 2016 年，面部识别被用于识别美国圣地亚哥和洛杉矶警方拍摄的照片中的人物，并计划在西弗吉尼亚州使用。FBI 还开发了下一代检测程序，包括面部识别以及像指纹和虹膜扫描，它可以从刑事和民事数据库中集成更传统的生物识别技术。

在2001年1月的超级碗节目过程中，美国佛罗里达州坦帕湾的警察使用Viisage人脸识别软件搜索潜在的罪犯和恐怖分子。该系统发现了19名有轻微犯罪记录的可疑人员。

在2000年墨西哥总统大选中，墨西哥政府采用了面部识别软件来防止选民欺诈。有些人一直在以几个不同的名义登记投票，试图进行多次投票。通过将新面部图像与选民数据库中已有的图像进行比较，当局能够减少重复注册。美国正在使用类似的技术来防止人们获得假身份证和驾驶执照。

人脸识别已成为各种计算平台和设备的生物识别认证形式。Android 4.0使用智能手机的前置摄像头增加了面部识别功能作为解锁设备的手段，而微软公司通过其Kinect配件向其Xbox 360视频游戏机引入了面部识别登录功能。苹果公司的iPhone X智能手机采用红外照明系统的“面部识别”平台，对手机拥有者进行面部识别从而进行解锁登录。人脸识别系统也被照片管理软件用于识别照片的主题，实现诸如按人物搜索图像的功能。

总而言之，人脸识别技术的应用逐渐增多，并广泛应用于金融、交通、银行、教育等场景。2016年中国人脸识别行业市场规模已超过10亿元人民币。

2017：人工智能攻克大型战略游戏

《刀塔 2》(Dota 2)是一款多人在线战术竞技游戏(MOBA)类团队竞技游戏。两个队伍(Radiant 和 Dire)分别由五名玩家组成。《刀塔 2》的主要目标是摧毁敌人的基地。这两个基地受到三条线路上的防御塔的保护。每个玩家都不是像经典 RTS 游戏那样建造单位军队，而是控制单个英雄，这是一个具有独特能力和特征的战略性强大单位，而且可以在游戏过程中不断变强。当附近的小兵和英雄死亡时获得经验，一旦获得足够的经验，英雄就会升级，这会增加英雄的各项属性，每次升级英雄获得一个技能点，可以用来解锁或升级一个英雄技能。除了英雄的固定能力，每个英雄还有 6 个物品栏，可以装备各种让自己更强的装备。为了购买这些装备，玩家可以通过杀死小兵、杀死敌方英雄和摧毁建筑物获得金钱。《刀塔 2》非常注重战术和团队之间的协作，并且有很多策略专注于尽快建立优势。

复杂的策略游戏在人工智能世界中风靡一时。一些国际知名的公司，如脸书和谷歌的 DeepMind，正在竞相征服包括《星际争霸》或《祖玛的复仇》等在内的游戏。《刀塔 2》在某些方面类似于《星际争霸》，因为它需要玩家仔细规划。游戏玩家需要判断何时攻击并欺骗对手以击败敌方单位。它也是一个不完美的信息游戏，不像国际象棋一样，两个玩家都可以访问相同的信息并且处于平等地位。

2017 年，OpenAI 公司创造了一个机器人，在标准比赛规则下，在《刀塔 2》一对一比赛中(图 96)，与世界冠军邓迪(Dendi)进行对抗。《刀塔》一对一比赛是一种非常特别的比赛，相当于一对一的篮球训练。也就是说，没有其他玩家可以提供帮助，并且许多游戏功能都被禁用。如果玩家杀了对手两次，或者将对手的塔推掉，玩家便取得胜利。

图 96 《刀塔 2》一对一比赛

第一轮比赛中，OpenAI 的程序在不到 10 分钟的时间里就击败了邓迪，并在第二轮比赛中再次击败了他，在三轮比赛中取得了胜利。震惊的邓迪告诉现场观看比赛的观众："这家伙很可怕。"据 OpenAI 称，早些时候，他的机器学习机器人还打败了另外两名顶级人类玩家：苏美尔(SumaiL)和阿特伊齐(Arteezy)。

OpenAI 指出，教会 AI 玩《刀塔 2》这样的视频游戏，比教会玩国际象棋这样的棋盘游戏更难。在《刀塔》中，AI 只能看到地图的有限区域。地图的其余部分隐藏在雾中，敌人的动作和策略也无法得知。因此，AI 具有不完整的信息。在国际象棋和围棋中，整个游戏区域是向 AI 显示的，AI 具备全局完整信息，这使得它能计算对手的可能移动。

尽管该任务难度很大，与邓迪的比赛却足以说明 OpenAI 克服了困难。毫无疑问，对于 OpenAI 而言，这无疑是一个重大的里程碑。它们正在努力确保未来的人工智能是人类的积极补充。该组织的联合创始人兼首席技术官格雷格·布罗克曼(Greg Brockman)在一次媒体采访中表示，这次比赛证

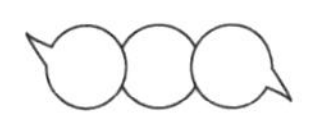

明了人工智能向更有影响力的系统迈出了一步："我们在这里建立的是一个通用学习系统，虽然它在很多方面仍然有限，但它仍然足以击败最好的人类专业游戏玩家，这是建立更多通用系统的一步，这些系统可以学习更复杂、更混乱、更重要的现实世界任务。"弗奇（Verge）也指出，研究AI如何玩《刀塔》的原因非常简单。如果教AI玩复杂的视频游戏，那么之后便可以进一步推进，尝试使用它们来解决可能类似于视频游戏的复杂现实世界挑战。这可能包括管理城市交通基础设施等。

虽然这是一个令人印象深刻的突破，但值得注意的是，这种流行的策略游戏通常不是一对一的，而是五对五的团队游戏。而对于机器人来说，这是一个相当大的挑战。《刀塔2》一对一比赛是有指标驱动的游戏，这些指标包括完成损伤、达到最后的命中、获得金币、获得经验等。玩家在长期和短期的成功都受到数字支配，这些数字中的任何一个小幅增加都会直接影响游戏的结果。这为人工智能学习提供了一个非常好的环境，因为在一对一比赛中，短期奖励往往大致指向整体胜利的方向。相比之下，《刀塔2》如此丰富和复杂的原因正是大部分游戏都没有遵循这种模式。很多在游戏中所做的事情没有立即产生短期影响，因此机器人必须随着形势的变化而做出转变。

显然，OpenAI也意识到一对一机器人的局限性，因此它们并没有停止于一对一比赛，而是着力研发五对五的机器人。据OpenAI所说，训练《刀塔2》五对五机器人的项目称为OpenAI Five。OpenAI Five每天都会玩180年的游戏，通过自我游戏的方式来学习五对五比赛的取胜策略。它动用了256块GPU和128 000个CPU进行训练，这是更大规模的版本。在训练过程中，OpenAI对每个英雄使用单独的LSTM（一种流行的循环神经网络结构），并以随机参数开始，而不使用人类重放的搜索或引导程序。在协作方面，OpenAI Five不包含英雄神经网络之间的显式通信通道。团队合作由被称为"团队精神"的超参数控制。团队精神从0到1不等，重点在于每个

OpenAI Five 的英雄应该关注其个人奖励功能与团队奖励功能的平均值之间的关系。在训练时，开发人员将其值从 0 到 1 退火。

具体来说，OpenAI 使用深度学习中的强化学习技术来学习《刀塔》AI，但这里面有两个问题亟待解决：长期奖励和信用分配。需要明确的一点是，对于《刀塔》这样的游戏，像 AlphaGo 和之前的《刀塔》一对一机器人那样的统一分配方案是不够的。在强化学习中，一个关键的挑战是，通常只有在执行了一个长而复杂的动作序列之后，才能获得奖励信号。在《刀塔》中，玩家需要最后一击，使用金币购买物品，并最终摧毁对方的塔，才能获得胜利的奖励。然而，在开始时，代理对《刀塔》一无所知，只是随机地进行操作。它随机赢球的概率是 0。因此，代理从来没有观察到任何积极的强化，也没有学到任何东西。解决长期和信用分配挑战的一种实用方法是奖励塑造，其中将最终奖励分解为小块，直接鼓励每一步的正确行为。用鸽子训练的例子来解释或许更加直观。鸽子永远不会自发地旋转，但是通过奖励转弯的每一小步，教练慢慢地哄骗鸽子进入正确的行为。在 OpenAI Five 中，也采用了类似的方式建立奖励机制。

事实上，到目前为止，OpenAI Five 已经与一些团队进行了比赛，其中包括最佳 OpenAI 员工团队、观看 OpenAI 员工比赛的最佳观众、Valve 员工团队、业余团队、半专业团队等，并且在这些比赛中都取得较为不错的成绩。

然而，OpenAI Five 的表现也让一些人提出质疑，尤其关于游戏公平性的质疑。OpenAI Five 机器人还通过直接从其接口读取游戏信息来玩《刀塔 2》，这允许其他程序轻松与刀塔 2 连接。这给了 AI 关于游戏的即时知识，而人类玩家必须通过眼睛观测屏幕。显然，如果一个人在与其他人的比赛中通过额外设备获取更多信息，我们可能会称为作弊。2018 年 6 月，一名人类职业选手和他的整个队伍因使用可编程鼠标而被取消资格。OpenAI Five 就像整个团队一样，具有可编程鼠标和心灵感应。乔治亚理工学院计算机人

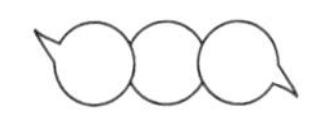

工智能和机器学习副教授马克里德尔也表达了自己的观点："该接口的目的并不是为人工智能提供比人类更多的信息，但是 OpenAI Five 确实通过这个接口知道能够做什么，并且获取到的信息是完全和即时的。OpenAI Five 需要转向基于全视觉的输入系统。它必须与人类在同一条起跑线上比赛。"

除了 OpenAI，DeepMind 也在游戏领域做出了突出贡献，其中被大众所知的便是 AlphaGo 和 AlphaStar。在 2019 年 1 月 25 号凌晨，一场《星际争霸 2》的比赛吸引了全世界的目光，原因是这场比赛并不是人与人的比赛，而是机器与人的比赛，一方是 DeepMind 公司开发的 AI 程序 AlphaStar，另一方则是 2018 WCS Circuit 排名 13、神族最强 10 人之一的马纳(LiquidMaNa)。早在赛前，DeepMind 就邀请 2018 WCS Circuit 排名 44 的 TLO 和排名 13 的马纳与 AlphaStar 进行对战，每位玩家与机器对战五回合。比赛结果令人吃惊，AlphaStar 取得十场比赛的全部胜利。不过，让人感到庆幸的是，在现场直播的第十一场比赛中，马纳顶住压力，采取较为保守的策略，一边攻击 AlphaStar 的兵力，一边建立分基地，最终抓住机会，直捣黄龙，取得了现场比赛的胜利，为人类扳回了一局。那么 AlphaStar 是怎么训练的呢？据 DeepMind 介绍，AlphaStar 采用多智能体学习算法，通过人类玩家的游戏记录回放视频对每个智能体进行训练，智能体的参数通过强化学习进行更新。为了更快地训练 AlphaStar，DeepMind 动用了谷歌的深度学习芯片 TPU v3，每个智能体使用 16 块 TPU。在时间上，AlphaStar 智能体联赛进行了 14 天，这相当于让每个智能体连打 200 年的游戏。最终，DeepMind 将多个智能体进行有效融合，获得只需要一块普通 GPU 就能运行的 AlphaStar 智能体。

AlphaStar 取得重大胜利后，DeepMind 并没有停止脚步，而是考虑 AlphaStar 的技术在现实生活中有什么应用。AlphaStar 项目领导者称，星际争霸的游戏时间可以长达一个小时，且其中步骤可以有上万步，在面对如此长的序列，AlphaStar 能够进行有效建模，这在语言理解、气候预测等需要对超长序列建模的场景有重要意义。他还称,元学习(Meta Learning)的思想可以减少训练智能体需要的数据量,还能够让智能体适应新对手,这或许是下一步DeepMind进一步改进AlphaStar的方法。总的而言,AlphaStar无疑是人工智能的又一次重大突破。值得相信,未来会有更多优秀的智能体出现,并对现实生活的改善起到重要作用。

2018：BERT 称霸自然语言处理

语音识别、图像识别、自然语言处理（Natural Language Processing，NLP）是人工智能的三大研究方向（图 97）。语音识别是一个相对比较成熟的技术，目前有很多为人们生活提供便利的应用。图像识别近几年的发展也非常迅猛，在越来越多的场景下发挥着不可替代的作用，比如安防领域。自然语言处理，被许多研究专家誉为“人工智能领域的皇冠”，近些年吸引了大量的研究人员进行广泛地探索。

图 97　自然语言处理研究的领域

自然语言处理，包括词性标注、句法分析、命名实体识别、自动文本摘要、机器翻译、对话系统、问答系统、自动文本语法纠错、情感分析等研究领域，通常是建立在语音识别基础上的更加复杂的语义理解，让机器明白文本的真正含义，而不是仅仅能识别出来人类说的是哪些词语。

关于自然语言处理的早期研究可以追溯到 20 世纪 50 年代，尽管更早的时期也有一些工作，但自然语言处理真正成为一个成熟的研究方向还是要始于1950年，艾伦·图灵(Alan Turing)发表的一篇题为《情报》的文章，该文章提出了现在所谓的图灵测试，这个被作为智力标准的测试标准，就包含了自然语言处理技术最美好的愿景。

1954年的乔治城实验将60多个俄语句子全自动翻译成英语，基于这样的成果，他们的研究人员认为只要3～5年就可以完全攻克机器翻译这个难题。然而，机器翻译技术真正的进展要缓慢得多，并且在1966年，美国国家科学院自动化语言处理咨询委员会(Automatic Language Processing Advisory Committee，ALPAC)报告发现，十年之久的研究未能满足预期之后，支持机器翻译研究的资金大幅减少。直到20世纪80年代后期，基于统计机器翻译的系统的迅速发展，才使得机器翻译的效果得以更上一层楼。

20世纪60年代最成功的自然语言处理系统是SHRDLU，这是一种在受限制的词汇世界中工作的自然语言系统，以及由约瑟夫·维森鲍姆(Joseph Weissenbaum)在1964年至1966年间编写的ELIZA，这是一种不利用任何人类思想和情感的心理治疗师模型，但是ELIZA却能时常与人类进行令人吃惊的类似人类的互动。当“患者”提出的问题超过了它的知识范围时，ELIZA往往会提供一些没有意义的回答，例如，当你说“我的头疼”时，它会回答“为什么你说你的头疼？”

自然语言处理发展到20世纪70年代时，一种被称为“概念本体”的程序被许多研究者开发，这个程序将现实世界的信息结构化为计算机可理解的数据。包括Parry、Racter和Jabberwacky等聊天机器人都是基于这个技术在这个时期被开发出来的。

在早期，许多语言处理系统是通过手工编码一套规则来设计的，例如，通过编写语法或设计用于词干的启发式规则。然而，这些对于自然语言中的变化鲁棒性很低。自从20世纪80年代末和90年代中期所谓的“统计革命”以来，许多自然语言处理研究在很大程度上依赖于机器学习。

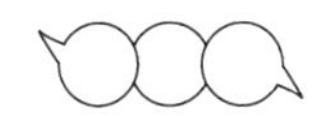

基于机器学习算法的系统与人工定义的规则系统相比具有许多优势。

(1) 机器在从语料库中学习时，会自动关注最常见的情况，而在手工编写规则时，通常没有明确的指标来指导规则编写。

(2) 机器在学习过程中，可以利用统计推断算法从数据中自动产生对不熟悉的输入（例如包含之前未见过的单词或结构）和错误输入（例如，输入错误的单词）进行处理的模式。而通常情况下，手动制定规则很难穷尽这种未知的输入模式。

(3) 通过大量的输入数据，可以使基于学习的系统学到的规则更加准确。但是，基于人工定义规则的系统，只能通过不断增加规则的方式来使其满足多变的输入形式，这是一项更加困难的任务。特别是人工制定规则的成本也非常的高，然而，创建更多数据以输入到机器学习系统仅需要相应增加计算量，而带来的效果提升也使得这种计算量的增加是值得的。

20 世纪 80 年代末开始，随着机器学习算法的被广泛用于自然语言处理问题，自然语言处理技术发生了根本性变革。这场革命主要是由于计算能力的稳定增长和乔姆斯基语言学理论在自然语言处理中的主导地位的逐渐减弱。基于语料库的语言学模型被广泛使用。比如利用决策树算法，从语料之中直接产生“如果-就”这种类似于手写规则的系统。再者，基于隐马尔可夫模型（HMM）的系统在词性标注问题上的成功，也使得 HMM 成功进入自然语言处理的领域，越来越多的研究集中在基于统计学习的模型上，这种基于软概率决策的方法比早期的基于规则的硬匹配模式要先进得多。当给出不熟悉的输入时，尤其是包含错误的输入（对于真实世界数据而言非常常见），这些模型通常更稳健。

IBM 公司的相关研究工作利用加拿大议会和欧洲联盟制定的多语言文本语料库，开发了更复杂的统计模型。得益于当时存在的数据优势，早期许多值得注意的成功出现在机器翻译领域。然而，通常情况下，自然语言处理需要对于特定的任务收集整理特定的语料库，这成为开发这些系统的主要障碍。因此,大量的研究工作侧重于利用已有的有限数据如何进行更加高效的学习。

无监督和半监督学习算法逐渐成为一个主流研究领域。这样的算法能够利用未标注数据学习,或者将有标签数据和无标签数据进行结合,弥补数据不足的缺陷。当然,这种任务通常比监督学习困难得多,并且对于给定量的输入数据通常产生不太准确的结果。然而,现实世界存在大量可用的无标注数据,如果所使用的算法具有足够低的时间复杂度来运用好这些数据,通常能带来显著的效果提升。

BERT(Bidirectional Encoder Representations from Transformers)便是这样一种半监督技术的最新的代表性成果(2018 年),它在包括自动问答、序列标注等 11 个自然语言处理任务上取得了到目前(2018 年 12 月)为止的最好结果,BERT 作为精细调整(fine-tuning)方法的最新成果,应该是自然语言处理历史上的又一座里程碑。

自然语言处理面临的最大挑战之一是训练数据的短缺。由于自然语言处理是一个具有许多不同任务的多样化领域,因此大多数特定于任务的数据集仅包含几千或几万个人工标记的训练样本。然而,现在基于深度学习的 NLP 模型都需要大量的数据才能显现出它的优势。基于此,研究人员开发了各种技术,比如使用网络上数亿未标注的文本来预训练通用的语言表示模型。然后,可以对特定的 NLP 任务(如情感分类和词性标注),在一个相比之下小得多的任务特异性标注数据上微调这个预训练的模型,与从头开始利用这些数据集进行训练相比,可以显著提高模型的性能(图 98)。

与以前的模型不同,BERT 是第一个深度双向、无监督的语言表示模型,它仅使用维基百科的纯文本语料库进行预训练,在预训练的过程中,BERT 致力于解决两个任务:遮蔽语言模型(Mask Language Model)和下一句文本预测(Next Sentence Prediction ,NSP)。这两个任务充分发挥了双向模型的优势,又巧妙地将双向过程中模型会看到下一个词的弊端避开了。下

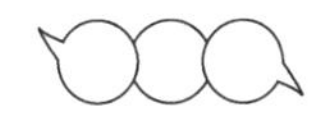

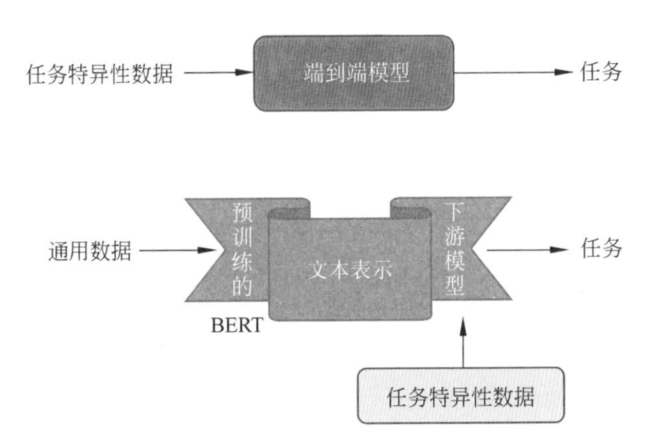

图 98　任务特异性模型与 BERT 模型原理示意图

一句文本预测这个任务还进一步使得模型不仅仅在单个句子层面训练单词的表示，还会跨语句联系前后的文本，使得学到的表示更加符合全局的含义，这种做法与词嵌入（Word Embedding）技术中的负采样（Negative Sampling）技术有异曲同工之妙，充分发挥了无标注样本的作用，使得学到的模型再到特定任务的数据集上进行微调即可成功地解决其对应的任务。

BERT 无疑是使用机器学习进行自然语言处理的一个突破，它让大量的无标签数据在许多自然语言处理任务上真正发挥了至关重要的任务，让我们离通用的人工智能又前进了一步。但 BERT 对于计算能力和数据量的要求，也使得这个工作很难在其他研究里被复现，BERT 模型在很大程度上提升了短文本、阅读理解等任务的效果，但由于目前业界单个显存大小的限制和瓶颈，在长文本等任务上存在占用较大计算资源和效果打折等问题。我们只能基于谷歌的结果和开源的训练好的模型进行后续的工作，一个更加轻量级的模型也许会更加适用于现实中的任务，这也是一个具备重要现实意义的研究方向。